詳説「公共工事標準請負契約約款」

建設契約管理の理論と実践（上）

草柳俊二

発 行 日刊建設工業新聞社　　発 売 英光社

紹介のことば

　日本と欧米諸国の「建設契約管理」を比較すると、興味深い違いがあります。日本の契約管理は、契約した工期と予算を守ることを最優先する管理です。一方、欧米は契約条件を正確に遂行するプロセスを重視する管理です。

　どちらの契約管理にも長所と短所があり、工期絶対厳守を身上とする日本の建設企業が、国際建設市場で高い評価を得ていた時代がありました。でも最近は日本の建設企業の国際競争力の弱さが指摘されています。国際建設市場のグローバル化に加え、建設プロジェクトの多様化、複雑化などによって「建設契約管理」のありようが大きく変化しているからです。日本企業の国際競争力低下の一因も契約管理能力の脆弱さにあるのです。

　本著『建設契約管理の理論と実践』は、契約管理の視点から日本の建設生産の実態を見つめた、これまでになかった建設産業論です。

　読者は、本著を読み終えたあとに、「建設契約管理」という堅苦しい無機質的な用語の実体が、意外にも人間的な情理を土台にしたものであることに気がつくでしょう。さらに読者には、日本の経済や生活を支えるインフラ整備を担ってきた建設業と公共事業に対する納税者や国民の不信感が払拭されないのはなぜなのか、その正体が見えてくるはずです。

　著者の草柳俊二氏は、日本、北米、南米、中近東、アフリカ、アジアの国々の建設生産現場に直接携わり、プロジェクトマネジメントを学び実践し、カンボジア、インドネシア、スリランカ、ミャンマー、ベトナム、モンゴル、台湾など国内外の大学や企業でプロジェクトマネジメントの講義を続けてきました。

　その膨大な経験と知識をもとに、日本の「公共工事標準請負契約約款」について詳細な解説を試みています。公共工事標準請負契約約款は、発注者と受注者の権利と義務を明確にし、両者が最大限に協力して工事を完成させることを促した規範であり、契約管理に不可欠なものです。しかし、発注者優位の風潮や、硬直化した予定価格による総価一式請負など日本の公共工事市場特有

の要素が、過程より結果を優先する契約管理を良しとしてしまい、契約約款を重視する意識を希薄にしてきました。

著者は、日本の公共工事標準請負契約約款と国際建設契約約款を対比しながら、各条文を分かりやすく丁寧に解説し、とくに解釈や適用を誤りがちな条文については、正しい解釈と適切な適用を提示しています。その意味で本著は、非常に精度の高い「公共工事標準請負契約約款解説書」でもあるのです。

著者が多大なエネルギーを投入したその解説には、日本の建設市場が国際市場と共有できるプロジェクトマネジメントを取り入れ、世界の国々で活躍する建設エンジニアを輩出する時代が到来してほしいとする著者の願いと期待が込められているように見えます。

新興国や途上国の旺盛なインフラ整備に伴い建設市場のグローバル化が加速し、プロジェクトマネジメントが変貌しています。プロジェクトに携わる上級技術者たちは、より高度な契約管理を行うために、これまでの建設技術の枠を超えた広範囲かつ専門的な知識と倫理の習得に励んでいます。法学者、弁護士などの法律家も、プロジェクトの契約管理を新たな研究カテゴリーとして積極的に参加しています。

プロジェクトの発注者、受注者、投資者だけでなく、納税者やユーザーや市民などの第三者が納得できる客観性、透明性のあるプロジェクトビジネスの市場を拓こうとしているのです。こうした機運と動きは、かつて日本のインフラ整備をモデルにしてきた東南アジア諸国の方が、日本をはるかに上回っています。

建設契約に精通する法律家がほとんど存在しない日本は、国際建設市場から大きく後れを取り、孤立しています。日本の弁護士、検察官、裁判官などの法律のプロフェッショナルに、本著『建設契約管理の理論と実践』の読者に加わっていただきたいと思うのです。

令和元年5月1日

佐藤　正則（元日刊建設工業新聞社編集局長）

まえがき

　建設事業になぜ契約が必要なのかを考えてみましょう。こう言うと、発注者側の人も受注者側の人も、ほとんどの人は考え込んでしまいます。そして「契約ですか……、契約がなければ事業は着手できないし、特記仕様書や図面は重要です。しかし、契約約款の条項を隅から隅まで読まなければ業務遂行が出来ないわけではないですしね………」といった返事が返ってきます。

　建設事業に携わる人々の内、公共工事標準請負契約約款や公共土木設計業務等標準委託契約約款を精読して業務を行っている人はどの程度いるでしょうか。

　筆者は高知工科大学の社会人大学院コースで2004年から約10年間、契約管理の講義を行いました。短期集中コースを含めると、建設企業、コンサルタント企業、地方公共団体や国土交通省等の公的発注機関に所属する人々の約200人がこの講義を受講しました。

　しかし、契約約款を精読して業務を行っていると自信を持って言えると答えた人は皆無でした。2016年からは東京都市大学で同様な社会人大学院コースを設立し、契約管理の講義を行っていますが、受講者のほとんどが契約約款を初めて精読したと答えています。

　人は必然性のないものを敢えてしようとはしません。日本の建設事業に携わる人々にとって、契約約款の精読は必然性が薄く、精読しなくても業務遂行が可能なのです。

　しかし、この数年、建設産業の事業環境が急速に変改し、契約管理に関する知識と対応技術の習得が必然性を帯びてきました。

　契約は事業の遂行中に紛争が発生した時に重要となります。これは誰もが理解します。紛争が発生する可能性が低ければ契約の必要性認識は薄れてきます。

　日本は明治維新後、近代国家となるために、急速に社会基盤施設を整備していくことが求められました。太平洋戦争後は、空襲で壊滅状態となった社会基

盤施設の復興、そして経済発展のための社会基盤整備を迅速に進めていく必要がありました。

このため、公的発注機関は、受注者に、迅速に、そして着実に仕事をしてもらうシステムを構築する必要性があったのです。その実現のために、発注者が主導権を取り、紛争が発生する可能性が少ない事業遂行システムを構築してきました。民間プロジェクトの発注者も同様な考えを持って、施設拡大と充足を図ってきました。

元々、日本には「相互信頼に基づく事業遂行」という産業文化があります。建設産業における発注者と受注者の相互信頼関係による事業遂行システムは、社会的要請に応える形で、より現実的、言い換えると実践的なシステムとして形成されていきました。

このシステムは受発注者間の「協調の原理」に基づく生産活動として、高い生産性を生み出し、戦後の復旧を迅速に進め、国民の生活向上に必要な社会基盤整備を推進させました。その結果、世界が「20世紀の奇跡」と驚嘆した日本の経済発展が実現したわけです。

「協調の原理」は実に良く機能しました。しかし、社会基盤整備が充足し、「迅速かつ着実に」という社会的要求が薄れていくに従い、国民は受発注者間の「協調の原理」を透明性の欠如したものと考えるようになっていきました。

注視すべきは、受発注者間の「協調の原理」は不必要なものなのかということです。社会基盤整備事業は、一般の製造産業と異なり、発注者の持つ機能と受注者が持つ機能が結合しなければ目的物を完成することが出来ません。これは、社会基盤整備事業の特性です。

つまり、受発注者間には「協調の原理」が不可欠な条件であり、これは世界中どの国でも同じで、社会基盤整備事業の基本原理なのです。

問題は、どの様にして「協調の原理」に透明性を持たせるかですが、それは「契約」に基づいて事業を遂行することです。他の国々の建設産業は、この方法によって透明性を担保しています。ですが、日本の建設産業にはこの思考が備わっていません。

建設事業における契約とは、サッカーや野球でいえば「競技規則：ルール」なのです。発注者と受注者が契約に関する意識が希薄な状態で社会基盤整備を進めるということは、納税者、つまり国民からするとルールを尊重しない集団競技を見せられているのと同じことになります。

発注機関や建設企業、建設コンサルタント等、建設事業に携わる様々な人々、そして学会などからも「国民は我々を信頼してくれない。メディアも悪いイメージだけを報道している」といった不満や嘆きが聞こえてきます。しかし、国民はルール遵守意識が希薄で、どんなルールなのか分かり難い競技を見せられているわけで、これでは建設事業の推進者を信頼しろという方が無理です。

私達、建設事業に携わる者は、長い間このことに気が付かなかったのです。

国民の信頼を回復するために、そして発注者と受注者が公正に生産活動を遂行していくために、社会基盤整備事業の特性を理解し、「契約」に基づき事業を遂行することが求められています。

「協調の原理」は日本人の持つ美しく、合理性の高い文化です。しかし、「協調の原理」を重視し過ぎ、ルールの遵守を疎かにしてはいけません。

建設契約に関する知識向上と実践は、「協調の原理」という文化を昇華させ、世界に通用するシステムを作り上げるために不可欠であり、この概念なくして新たな建設事業遂行システムを作っても空回りするだけです。

本書では、建設契約の特性と原理をより深く理解してもらうために、国際建設市場でのルールや国際建設契約約款（FIDIC契約約款）と比較しながら日本の調達制度や公共工事標準請負契約約款の条項分析を進める方法を採用しました。

公的発注機関や企業で、長年、建設事業に携わって来た人々の中からは、国々にはそれぞれの事情があり、日本は日本のやり方を堅持していけばよいといった意見が聞かれます。もっともな意見です。しかし、こうした意見を述べる人のほとんどが、国際建設契約約款どころか、日本の建設契約約款の内容も充分勉強していないのが実態です。これでは、日本の建設産業の発展は望めません。

まえがき

　本書は、2016年11月から2018年12月までの約2年間、日刊建設工業新聞社が「草柳教授の建設契約講座」と題して掲載した連載記事を再編纂し、連載で書き足りなかった事柄を加筆したものです。

　連載は現在も継続していますが、ほぼ中間点に来たことを受けて、『建設契約管理の理論と実践（上）』として出版することになりました。後半の（下）の出版は連載終了後の2020年の春となる予定です。

　新聞の連載に関して日刊建設工業新聞社の編集局から、文語体ではなく、口語体で分かり易く書いて欲しいとの要求が出されました。これは、建設事業を担う次世代の方々に、新たな建設産業システムの実現に必要となる契約管理の理論と実践的手法を理解してもらうため必須条件であるとのことでした。筆者にとって、自身の専門分野の国際建設マネジメントの中でも複雑な研究分野である「建設契約管理」をこうした方法で書き綴っていくことは大変難しい試みと感じました。

　実際に、連載記事を書き進むにつれ、その難しさが現実のものとなってきました。しかし、30年来の友人であり、元日刊建設工業新聞社編集局長の佐藤正則さんに書き上げた原稿を毎回見て頂き、長い間、日本の建設産業の実態を見つめてきた経験と、読者が理解できるかという観点から意見を頂くことによって何とか書き続けることができました。

　「難しいことを易しく説明する」という取り組みは、「なぜ、その事象があるのか」が原点となります。今回の取り組みで、自分自身が今まで気が付かなかった事柄や論理を発見することができ、こうした取り組み方が研究に大変役立つということを改めて認識することができました。

　本書が、新たな建設産業システムの実現に必要となる契約管理の理論と実践的手法を、建設事業を担う次世代の方々に理解してもらうという、執筆の目的を果たせるものになることを願っています。

2019年4月吉日

Contens

紹介のことば ……………………………………………………… 2

まえがき …………………………………………………………… 4

第1章　日本の建設産業の実態を知る ……………………… 15

1. 建設産業の事業環境の変化 ……………………………… 16

　1)「協調の原理から競争の原理への転換」………………… 16

　2)「競争の原理」と政府の対応 …………………………… 17

2. 建設入札・調達に関する分析 …………………………… 20

　1) 建設入札の本質を考える ……………………………… 20

　2) 日本の公共事業調達システム ………………………… 21

　3) 日本の公共事業品質確保方策 ………………………… 24

　4) 体系的応札図書作成の意義 …………………………… 26

3. 社会基盤整備事業の原理を考える ……………………… 28

　1) 受発注者間の「協調の原理」…………………………… 28

　2) 日本の「協調の原理」の実像 ………………………… 30

　3) 会計法や予決令との問題 ……………………………… 31

4. 建設産業が直面する問題 ………………………………… 32

　1) 国家の発展と建設産業 ………………………………… 32

　2) 建設投資に関する考察 ………………………………… 34

　3) 公共事業システムの改革 ……………………………… 37

5. 国民の信頼を取り戻す方策 ……………………………… 39

　1) なぜ、国民は建設産業を信頼しないのか ……………… 39

　2) 品確法の改定とその目的 ……………………………… 42

　3) 日本の建設契約形態の特徴 …………………………… 45

4）単価数量精算契約とその効能性 ……………………………46

5）「総価契約単価合意方式」の導入 ……………………………47

6）「総価契約単価合意方式」の抱える実務的問題 ………………49

第2章　建設契約管理基盤の認識 ………………51

1. 追加費用と工期延伸対応 …………………………………………52

　　1）「クレーム」と「Claim」の相違 …………………………………52

　　2）なぜ、「設計変更」と言ってきたのか ………………………53

2. 設計・契約変更のガイドライン設定 ……………………………54

　　1）設計変更と契約変更の相違 …………………………………54

　　2）契約図書の分析（設計変更と契約変更の関連） ………………56

　　3）国土交通省の設計変更ガイドラインの分析 ………………58

　　4）ガイドラインの位置付け ……………………………………59

　　5）契約変更ガイドラインの役割 ………………………………60

　　6）設計変更と契約変更の手続き ………………………………63

　　7）書面による意思疎通・記録保持 ……………………………64

3. 建設契約を理解するための基本法的教義 ……………………66

　　1）起草者に不利なる解釈：Contra Proferentem ………………66

　　2）提供役務相当額の請求：Quantum Meruit …………………67

　　3）妨害原理：Prevention Principle ……………………………67

　　4）時間無拘束：Time at Large …………………………………68

　　5）禁反言の原則：Estoppel ……………………………………68

第3章　公共工事標準請負契約約款の分析 ………71

1. 標準契約約款に関する基礎知識 …………………………………72

　　1）誰が公共工事標準請負契約約款を作成しているのか ………72

9

Contens

2）民間工事の標準請負契約約款 ……………………………………… *73*

2. 公共工事標準請負契約約款の条項分析 ……………………… *74*

1）第1条（総則）……………………………………………………… *74*

①第1項　契約の履行 ……………………………………………… *74*

②第2項　契約の原則 ……………………………………………… *75*

③第3項　施工方法 ………………………………………………… *77*

a）民法の請負契約と建設契約の乖離 ……………………… *77*

b）「指定仮設」と「任意仮設」 ……………………………… *79*

c）契約約款条項分析の視点 ………………………………… *80*

d）契約額と追加費用の関係 ………………………………… *81*

④第4項　機密の保持 ……………………………………………… *83*

⑤第5項　受発注者間の契約的意思疎通方法 ………………… *84*

a）書面による意思疎通の実態 ……………………………… *84*

b）「書面」の定義と書面による意思疎通の実践 …………… *85*

⑥第6項　契約言語 ………………………………………………… *87*

⑦第7項　契約通貨 ………………………………………………… *87*

⑧第8項　計量単位 ………………………………………………… *88*

⑨第9項　期間の定め ……………………………………………… *88*

⑩第10項　適用法令 ……………………………………………… *88*

⑪第11項　専属的管轄裁判所 …………………………………… *89*

⑫第12項　共同企業体 …………………………………………… *89*

2）第2条（関連工事の調整）……………………………………… *90*

3）第3条（請負代金内訳書及び工程表）………………………… *92*

①第3条（A）と（B）の相違 ……………………………………… *92*

②内訳書と工程表に関する理解 ………………………………… *94*

③完備契約と不完備契約 ………………………………………… *95*

④施工計画書の契約的位置付け ······97

4）第4条（契約の保証）·······99

5）第5条（権利義務の譲渡等）········102

6）第6条（一括委任又は一括下請負の禁止）········103

7）第7条（下請負人の通知）········104

「第7条の2」········105

8）第8条（特許権等の使用）········111

9）第9条（監督員）········112

①発注者と監督員の権限範囲········113

②「発注者」と「支出負担行為担当官」及び「契約担当官」········114

10）第10条（現場代理人及び主任技術者等）········119

11）第11条（履行報告）········123

12）第12条（工事関係者に関する措置請求）········124

13）第13条（工事材料の品質及び検査等）········126

14）第14条（監督員の立会い及び工事記録の整備等）········129

15）第15条（支給材料及び貸与品）········132

16）第16条（工事用地の確保等）········136

17）第17条（設計図書不適合の場合の改造義務及び破壊検査等）······140

18）第18条（条件変更等）········141

①受注者の「熟知義務」········147

②「熟知義務」の基本的解釈········148

③「契約形態」と「熟知義務」········151

19）第19条（設計図書の変更）········152

①「認める時」と「認められる時」の相違········154

②「設計図書」と「契約条件書」の相違········155

③第19条の適用に関する問題········156

Contens

20）第20条（工事の中止） ··· *157*

21）第21条（受注者の請求による工期の延長） ····························· *159*

22）第22条（発注者の請求による工期の短縮等） ························ *162*

23）第23条（工期の変更方法） ·· *165*

   ①「発注者が定め、受注者に通知する」という意味 ··················· *166*

   ②契約変更協議を有効に進めるための方策 ························· *167*

24）第24条（請負代金額の変更方法等） ·· *168*

   ①第24条第1項（A）の問題点分析 ································· *169*

   ②第24条第1項（B） ·· *171*

   ③第24条第1項（A）と（B）の使用実態 ························· *173*

   ④工程表と請負代金内訳書の実質的位置付け ····················· *173*

   ⑤契約変更と工程表の関連 ··· *177*

   ⑥「約定工程表」の意味 ·· *178*

   ⑦追加費用への落札率適用問題 ···································· *179*

   ⑧落札率適用を規定した契約 ······································· *182*

   ⑨落札率が関係する裁判事例 ······································· *184*

   ⑩総価一式請負契約と落札率 ······································· *186*

   ⑪発注者の標準積算基準書 ··· *187*

25）第25条（賃金又は物価の変動に基づく請負代金額の変更） ····· *189*

   ①第25条の適用経緯と契約条項変更の基本原則 ··················· *192*

   ②FIDIC契約約款の物価変動調整条項 ························· *194*

26）第26条（臨機の措置） ·· *197*

   ①災害時の地域保全措置 ·· *199*

   ②第26条を活用した災害対応 ······································· *199*

27）第27条（一般的損害） ·· *200*

   ①第27条（一般的損害）に関連する事例 ···························· *201*

12

②第27条(一般的損害)における受注者の責任 ·························· 202

28) 第28条(第三者に及ぼした損害) ····························· 203

①受注者の「善管注意義務」とは ······························ 204

②第28条の留意点 ··· 206

29) 第29条(不可抗力による損害) ····························· 206

30) 第30条(請負代金額の変更に代える設計図書の変更) ··········· 211

31) 第31条(検査及び引渡し) ······························· 214

32) 第32条(請負代金の支払い) ····························· 216

33) 第33条(部分使用) ································· 217

あとがき ··· 220

索 引 ··· 223

13

第1章　日本の建設産業の実態を知る

第1章　日本の建設産業の実態を知る

1．建設産業の事業環境の変化

1）「協調の原理から競争の原理への転換」

　1990年代の初頭、バブル経済が破綻し、建設投資額が減少し始めた時期、入札談合、官製談合、贈収賄といった、国民の信頼を失う様々な事件が建設産業に発生しました。

　この時期から、「協調の原理から競争の原理への転換」といった言葉が叫ばれ始めました。しかし、この論理が実質的に動き出したのは2000年代に入ってからとなります。

　2006年4月に、日本土木工業協会が『透明性のある入札・契約制度に向けて―改革姿勢と提言―』を発表しました。日本土木工業協会は、通称、土工協と言い、2011年に日本建設業連合会と合体した組織です。

　筆者は土工協が招聘した3名の外部委員の一人としてこの提言書の作成に加わりました。この提言書は、現在もインターネットからダウンロードできるので、是非、読んでもらいたいのですが、建設業界自身が談合体質からの離脱を明解に宣言したものでした。

　それまで建設業界からの発信は、ほとんど政府機関への「要望事項」でした。しかし、この提言書は、建設業界が社会に対し、明確に「決意」を述べたものであり、建設産業の歴史に残るものとなりました。

　この提言書より、日本の建設産業は、「協調の原理」から「競争の原理」へと大きく舵を切ったわけです。この時点で、土工協が取り組むべきことは「契約管理の重要性認識」という産業全体の意識改革でした。しかし、提言書発表直後から、予定価格を大幅に下回る低価格入札、いわゆる「ダンピング」が発生し、「競争の原理」は実に次元の低い形で動き出してしまったのです。

16

第1章　日本の建設産業の実態を知る

　「競争の原理」とは、企業が適正な利益を確保し生き抜くことであり、工事の入手競争は入り口論に過ぎません。

　低価格入札はダム工事で始まりました。建設工事の入札価格の決定は採算性との戦いです。改めて言うまでもなく、採算を度外視し、価格を下げれば工事入手の確率は高まります。ダム工事は事前の調査や技術検討に多大な時間と労力が必要であり、大半は奥深い山間地が建設場所となるため資機材の調達、搬入計画や施工方法の検討は重要な問題となります。

　こうした理由もあり、発注者やコンサルタントは建設企業からの協力を必要とするようになり、建設業界では事前協力を行なった企業が優先的にその工事を受注するというシステムが定着していったわけです。これがいわゆる「談合」ということになるわけですが、こうしたシステムが存在している間は、協力をしなかった企業が採算性を度外視した価格で工事を入手しようとしてもできなかったわけです。

　日本の建設業界は談合という伏流システムを抱えて動いてきたのです。このため、建設産業に携わる人々のほとんどが「競争の原理」の導入を工事入手の自由競争と理解してしまい、一気に低価格提示の競争へと移っていったわけです。

　こうした実態からすると、土工協の「改革姿勢と提言」が出された2006年の時点では、適正な利益を確保して生き抜くという、真の「競争の原理」を備えた産業構造をつくる思考は、建設産業界に醸成されていなかったということになります。

2)「競争の原理」と政府の対応

　一方、発注者側の「競争の原理」の導入に関する意識はどうだったのでしょう。

　低価格入札問題が発生すると、政府機関は、その対応策として「独占禁止法の適用」といった方策を打ち出しました。

　超低価格での工事入手は「不当廉売」であり、市場の独占に繋がる、これ

17

が、公正取引委員会が示した独占禁止法の適用理由でした。世界を見廻しても、発注者の予算より大幅に低い価格で入札した者に、独占禁止法違反として罰則を適用している国はありませんし、国際入札では低価格入札に対する罰則規定などありません。

　自由競争となれば、どのような価格で入札するかは応札者の自由ですので、当然、低価格入札は発生します。

　問題となるのは低価格入札ではなく「低価格入手」です。企業が工事を入手するには、発注者との契約が成立していなければなりません。契約は発注者と受注者の合意なくして成立しません。従って、発注者が非現実的な「低価格入手」に合意しなければよいわけです。

　会計法の第29条第6項でも以下のように定めています。

　　　契約担当官等は、競争に付する場合においては、政令の定める
　　ところにより、契約の目的に応じ、予定価格の制限の範囲内で
　　最高又は最低の価格をもつて申込みをした者を契約の相手方と
　　するものとする。
　　　ただし、国の支払の原因となる契約のうち政令で定めるものにつ
　　いて、相手方となるべき者の申込みに係る価格によっては、その
　　者により当該契約の内容に適合した履行がされないおそれがある
　　と認められるとき、又はその者と契約を締結することが公正な取
　　引の秩序を乱すこととなるおそれがあって著しく不適当であると認
　　められるときは、政令の定めるところにより、予定価格の制限の
　　範囲内の価格をもつて申込みをした他の者のうち最低の価格をも
　　つて申込みをした者を当該契約の相手方とすることができる。

　この条項に述べられている「最高又は最低の価格」という文言ですが、「最高の価格」は公的機関が自身の所有する財を売却する場合であり、「最低の価格」は民間から物品やサービスを買い入れる時のことを述べています。

第1章　日本の建設産業の実態を知る

　この条項に記されているように、会計法においても、発注者には非現実的な
「低価格入手」であるか否かの判断を行う義務と、これを排除する権限が与えら
れているのです。しかし、現実は「予定価格の制限の範囲内で最高又は最低
の価格をもつて申込みをした者を契約の相手方とする」という文言が予算管理上
といった理由で絶対視され、本来、発注者が担わなければならない機能が働か
ない状態になっています。なぜ、こうした実態となるのでしょう。

　公的発注機関に勤める友人に聞いてみると以下のような答えが返ってきまし
た。「各法律には所管官庁があり、その法律の解釈は所管官庁の判断が第1義
となるという省庁間での決まりがある。会計法は財務省が所管官庁なので、財
務省が『当該契約の内容に適合した履行がされないおそれがある』というのは特
例中の特例ケースとしており、通常、あってはならない事態としている」。

　こうした実態があるようですが、論理的には、低価格で受注した企業が独占
禁止法に違反するというのであれば、これを受け入れた発注者も、特定企業の
市場独占を手助けしたとして、独占禁止法違反ということになるはずです。

　自由競争入札に対する最重要条件は何か。それは、入札を適正、的確に審
査するシステムの具備です。こういった観点からすると、「競争の原理」の導入
を叫んできた政府にも、後に述べる2005年の「公共工事の品質確保の促進に関
する法律」（以下、「品確法」という）の制定時、そして土工協の談合離脱宣言
が出された時点では、その準備が出来ていなかったということが明らかになってく
るのです。

19

2. 建設入札・調達に関する分析

1) 建設入札の本質を考える

　土工協の談合体質離脱宣言から10年以上の歳月が過ぎています。しかし、現在も入札・契約等の的確な評価システムが設定されたとは言い難い状態にあります。なぜ、的確な入札評価システムを見出せないのかを考えてみたいと思います。

　建設プロジェクトにおいて入札とはどんな機能を担うのでしょうか。建設プロジェクトの調達は完成物品の売り買いとは異なります。建設プロジェクトの入札は、目的物を適正に、そして的確に完成させる方法論を提示する行為であって、入札金額は提示した方法論に従って算出されたものなのです。

　つまり、建設入札における第1義的評価対象は、目的物を完成させる方法論の適否であり、入札金額は2義的評価対象ということになります。

　日本の建設事業ではこの基本原理が十分に理解されていません。なぜ、理解されないのか、原因は何なのかですが、実は、入札時に「目的物を完成させる方法論の適否」を査定するシステムが確立していないのです。

　国際建設プロジェクトの入札では、各入札者に施工計画書、工程表、工事内訳書（各単価の一位代価レベル）等を提出させるシステムが確立されています。入札評価は、これらの書類（応札図書）の充実度、精度、各書類の相関性を精査し、「目的物を完成させる方法論の適否」を査定し、順位を決めることになります。

　大型案件（日本のODA：国際協力案件では10億以上としている）では、通常2封筒入札（Tow Envelopes Tendering）方式が適用されます。この方式は以下のような手順で行います。

　　㋐　入札は、施工計画書、工程表、使用機械リストや配属技術者の履歴書
　　　　等を入れた「技術関連図書」と、工事内訳書等を入れた「価格関連図書」

を別々の封筒に入れて提出する。
- ㋑ 評価方法は、「技術関連図書」の封筒と「価格関連図書」を同時に開封せず、先ず「技術関連図書」を開封しこれを審査し、技術評価点を付ける。
- ㋒ 価格評価は、技術評価の高い順に3社程度を選び、選択された入札者の「価格関連図書」のみ開封し審査対象とする。

このような方法で入札評価を行うため、入札価格は第1義的評価対象ではなく、技術を第1義的に評価するシステムになります。この方式は日本のODA案件にも適用されています。

我が国では長い間、指名競争入札制度を適用してきました。この制度は「目的物を完成させる方法論の適否」の査定というステップを簡素化し、「的確に目的物を完成させる方法論を持つ者だけを指名して入札者とする」という方法としたわけです。

指名競争入札制度は入札業務の効率性という観点から見ると極めて有効なシステムであり、「協調の理念」と相まって実に上手く機能してきました。しかし、時代は変わり、指名競争入札制度は談合の温床といった議論が起こり、また、「競争の原理」の下で的確な入札評価システムを設定していかなければならなくなったわけです。

求められることは何か。それは、視点を建設入札の本質的機能に戻し、目的物を適正・的確に完成させる方法論と価格の適正を査定できるように、入札時に施工計画書、工程表、そして工事内訳書を提出するシステムを作り上げていくことです。

2) 日本の公共事業調達システム

1999年度に建設省（現国土交通省）と大蔵省（現財務省）が協議し、金額だけではなく、「品質」も勘案し受注者を選択する「総合評価落札方式」の試行が

始まりました。そして、2005年の品確法制定と共に、総合評価方式が一気に拡大していきました。

　現行の総合評価方式は、大別して「技術提案評価型」と「施工能力評価型」が設定されていますが、この2つの方式は、程度の差があるものの、共に入札者からの提案内容を評価対象とする方式となっています。諸外国では、各入札者に、施工計画書、工程表、工事内訳書（一位代価レベル）の3つを基本書類とし、工事遂行を担うプロジェクトマネジャーをはじめとした主要人員の履歴、経歴書、現場組織図、使用機械リスト、キャッシュフロー等による体系化した応札図書の提出を求める方式が採用されています。

　こういったシステムを採用する第1の理由は、「品質」を施工計画書で、「時間」を工程表で、「コスト」を工事内訳書でチェックし、品質、時間、コストの3方向から目的物を完成させる方法論が適正であるか否かを評価するためです。

　第2の理由は、契約管理体制が整っているか否かの確認ですが、この点に関しては後に詳しく述べることにします。

　日本の総合評価方式は、「施工能力評価型」でも、施工計画書、工程表、工事内訳書を骨格とし、体系化された応札図書の提出を求めていません。従って、目的物を完成させる方法論の査定を的確に行える状態となっていないということになります。

　図-1は国際建設契約約款（FIDIC契約約款）での公共建設工事と国内公共建設工事の契約図書の扱いの相違を、入札時、契約時、契約後に分けて表したものです。

　FIDIC契約約款は、PFI（民間活用）、PPP（公民連携）、Concession（公共施設等運営権）等の民活プロジェクトに用いるBOT（建設・運営・譲渡）契約、各種プラント工事に用いるEPC（設計・調達・建設）契約、詳細設計・施工契約、単価数量精算契約約款等、様々な契約形態の約款が用意されていますが、本書では単価数量精算契約約款、通称、Red Book（単価数量精算契約約款）を基に分析を行っていきます。従って、以後、FIDIC契約約款と記したものはこの約款を意味すると解釈して下さい。

第1章　日本の建設産業の実態を知る

　日本の公共工事では、施工計画書、工程表、工事内訳書等は、契約成立後に提出するシステムとなっています。これは「契約成立後に品質、時間とコスト内容を確認する」という構図であり、リスク管理からすると極めて危ないシステムとなります。

	国際建設プロジェクト		国内建設プロジェクト	
入札時	□契約書 □基本契約条件書 □特記契約条件書 □契約図面 □仕様書 □入札保証書 ■入札額内訳書 ■工程表 ■入札条件書	発注者の意図に答え、かつ入札者の意図を提示する入札	□契約書 □基本契約条件書 □特記契約条件書 □契約図面 □仕様書 □入札保証書 ■原則は入札総額を記した用紙を提出するのみ	発注者側の意図を示す書類に従った入札
契約時	□契約書 □基本契約条件書 □特記契約条件書 □契約図面 □仕様書 ■入札額内訳書 ■工程表 ■施工計画書 ■各種保証書・他	発注者と受注者の意図を統合した書類に基づく契約	□契約書 □(標準契約約款を使用) □共通仕様書 □特記仕様書 □図面・その他 ■受注者側の書類は原則契約書に含まれない	発注者側の意図を示す書類に合意する契約
契約後	■工事履行保証書 ■詳細工程表 ■その他	発注者と受注者の契約合意条件に従った図書	■工事履行保証書 ■入札額内訳書 ■工程表 ■施工計画書 ■その他	受注者側の意図を示す書類の提出

□は発注者が作成した図書　■は受注者の作成図書

図-1　国際プロジェクトと国内プロジェクトの契約図書の扱いの相違

23

自分が、自身の家を建てる時、契約をした後に、その家をどのようにして建てるのか、どのようなスケジュールで仕事が進められるのか、各工事の内訳がどのようなものかを初めて知るとしたら、これほど危険な契約はないことは容易に判断できるはずです。

3) 日本の公共事業品質確保方策

　なぜ、我が国の公共工事では、他国のように、入札時に体系化した応札図書を提出するシステムが確立されなかったのでしょう。

　基本的な原因として考えられるのは、明治維新から第2次世界大戦後の1950年代の初めまで、日本の公共工事の主流が「直営方式」であったことです。「直営方式」とは、発注者が民間企業に工事遂行を依頼するのではなく、民間企業を下請として採用して発注者自身が工事を遂行する方式ですので、受注者からの意見提示は重視しない方向になります。

　しかし、この理由だけでは疑問が解けません。なぜならば、「直営方式」がなくなった後も応札図書を提出するシステムが確立されなかったわけですから。では、真の理由は何なのでしょう。それは公共工事に直接的に関わってくる会計法にあると考えられます。

　会計法では、先に述べたように、最低価格（公的機関が所有物を売る場合は最高価格）を提示した者と契約すると規定しています。つまり、契約相手は価格で選べという論理です。この論理の下に、我が国の公共工事では、長い間、発注者が入札者を指名し、金額だけを提示させる指名競争入札が行われてきました。

　当初、会計法では指名競争入札を例外的な入札方式としていましたが、公共工事が急増し始めた1960年代から、指名競争入札が主流となりました。

　的確に施工できる企業だけを指名し入札者とすれば、所定の品質確保は可能です。従って、品質に関わる審査は行わず、価格（入札額）だけで契約相手を決めることが出来る。こういった、実に効率的な調達システムを作り上げたわけです。

第1章　日本の建設産業の実態を知る

　しかし、1990年代の初頭に公共事業に絡んだ贈収賄事件や、官製談合疑惑といった問題が発生し、指名競争入札は発注者の恣意性拡大、談合の温床といった世論が湧き上がってきました。

　指名競争入札は、他の国々でも行われており、会計法にも記されている調達方式ですので、この方式そのものが論理性に欠けるものではありません。

　会計法の第29条の3では第3項と第5項で「指名競争」とその適用に関して以下のように定めています。

> 第3項：契約の性質又は目的により競争に加わるべき者が少数で第1項の競争に付する必要がない場合及び同項の競争に付することが不利と認められる場合においては、政令の定めるところにより、指名競争に付するものとする。
> 第5項：契約に係る予定価格が少額である場合その他政令で定める場合においては、第一項及び第三項の規定にかかわらず、政令の定めるところにより、指名競争に付し又は随意契約によることができる。

　このように、会計法では指名競争入札を例外的な適用方法として位置付けているわけですが、公共事業量の急激な増加とともに一般化され、大半の公共入札がこの方法で行われるようになったのです。

　指名競争入札の問題は、発注者の意図で入札者が決まるわけですから、受注者にとって入札の機会が完全に発注者に握られていることになり、「官の言うことを聞かないと入札に参加できない」といった無言のプレッシャーを絶えず意識しなければならない状態になります。発注者はこの指名競争入札を利用して、品質問題や事故を発生させた企業は入札指名から外すといったシステムも作り出しました。このように、指名競争入札は、発注者の権限を拡大する基盤となっていったわけです。

　指名競争入札は「制度疲労状態に陥った」と言った人達がいますが、この解

25

釈は適切でなく、公共調達の生産性を重視し過ぎ、「適用を間違った」だけなのです。

こうして、公共調達は一般競争入札に戻り、加えて、総合評価方式が導入されたわけです。留意すべきは、指名競争入札によって保持されていた品質確保機能が、総合評価方式に備わっているのかということです。総合評価方式に変わっても、入札時に体系化された応札図書を提出させるシステムが導入されていません。

施工計画書、工程表、工事内訳書等は従来通り、契約成立後に提出するシステムのままになっています。つまり、論理的に見て、現状の総合評価方式は、品質確保機能が極めて希薄な調達方式であるということになるのです。

4) 体系的応札図書作成の意義

施工計画書、工程表、工事内訳書等の体系的応札図書の提出の重要性を再度考えてみましょう。

施工計画書が出来上がっていなければ工程表は作成できません。施工計画書と工程表が出来ていなければ積算ができず、工事内訳書を作成することはできません。工事内訳書なしに入札額は決定できません。**図-2**は、施工計画書、工程表、工事内訳書と工事遂行の関係を表わしたものです。

つまり、入札額の決定には施工計画書、工程表、工事内訳書の3つの書類を作成することが必須条件となるわけです。このメカニズムは世界中、どの国でも同じで、建設産業はこのメカニズムによって、競争の原理を保持しながら生産性向上を図っているのです。

日本の建設企業は施工計画を立て工程計画や積算を行う能力を持っています。しかし、長期にわたり、体系化された応札図書の提出を求めないシステムが続いたため、その能力が低下しています。この問題は、大手建設企業になればなるほど深刻となっています。大手建設企業を「ゼネコン」と呼んでいますが、これはGeneral Contractorの略語で、日本語は「総合建設企業」ということになり

ます。「総合建設企業」とは建設に関連した総合的な技術力を持つ会社という意味で、1970年代までは「ゼネコン」と呼ばれる企業は、機械センターや資材センターを持ち、建設機械や資材を自社で保有していました。

筆者は1967年に「ゼネコン」に入社し、1973年まで国内の建設現場の技術者として働きました。当時は下請企業の仕事はほとんどが労務提供であり、「ゼネコン」の現場技術者達は、型枠作成図や鉄筋の加工図の作成はもちろん、掘削締め切り設計、重機土工計画等を自身で行い下請企業に仕事をしてもらっていました。このように「ゼネコン」は、正に、総合的な技術力を持つ建設企業であったわけです。しかし、1980年代中頃、バブル経済が始まった頃から、次第に「ゼネコン」から機械センターや資材センターがなくなり、専門企業に仕事を任せる方針が取られるようになったのです。

この時期はまだ「ゼネコン」の技術者達には、自身で培った技術力があり、専門企業を指導し工事を進めていました。つまり、専門企業に「やってもらう」というより「やらせる」といった状態であったわけです。しかし、経験のある技術者が退

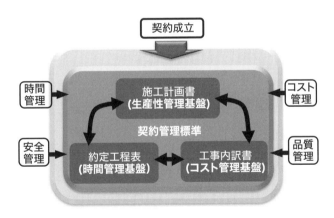

施工計画書、工事内訳書、約定工程表の3点セットの充実と
連携は契約管理だけでなく、品質・安全・生産性の確保の基盤

図-2　プロジェクトマネジメントの基盤

職していくに伴い、状況は徐々に変わっていき、最近では、大手建設企業の若年技術者の多くが施工計画や工程表は下請や専門企業から提出されたものをまとめれば作成できる、入札額は発注者の積算方法に従えば算出可能と考えるようになってきています。

これが大手建設企業の「技術の空洞化」の実態なのですが、技術の空洞化は、若年技術者の資質・素養の低下ではなく、産業生産形態、供給過程：サプライチェーン（supply chain）の変化によって生まれた問題なのです。

本来、入札額は入札者が施工計画を立て、工程表を作成し算出するもので、入札者自身の決心を示したものとなるわけですが、日本の入札は発注者の「予定価格」に上限拘束性等があり、入札者はこれを推測し入札額を決めるようになっています。つまり、入札は「予定価格の推察ゲーム」の状態になっており、このままでは建設企業の施工計画、工程計画や積算能力が低下していくことは明らかです。

現状の入札システムは建設産業の技術力保持といった観点からも、再考しなければならない状態になっています。

3. 社会基盤整備事業の原理を考える

1）受発注者間の「協調の原理」

図-3は2013年7月に英国政府が発表した建設産業政策大綱『Construction 2025』の表紙と見開きですが、見開きには以下の文が記されています。

Working together, industry and Government have developed
a clear and defined set of aspirations for UK construction.

直訳すると「産業と政府の共同活動によって英国の建設のための明確な、そ

第1章　日本の建設産業の実態を知る

して確かな達成目標を築き上げる」となります。

　社会基盤整備事業は、発注者の持つ機能と受注者が持つ機能が連携しなければ目的物を作り出すことが出来ません。つまり、官と民が共同して働かなければ社会基盤整備事業は達成できないのです。これは世界共通の原理ですが、なぜ、日本ではこの原理が国民に理解されないのでしょう。

　英国の建設産業政策大綱のように、諸外国では、官民の機能連携を事業遂行の基軸としています。他方、日本では「役人は決して間違いを犯さない」という、いわゆる「官の無謬性(むびゅうせい)」という概念があり、「発注者の監理体制強化」を事業遂行の基軸としています。この相違は、契約に対する意識の違いとなって現れてきます。

　「官民の機能連携」を基軸とした場合は、遂行実態が「馴れ合い」になりかねません。言い換えれば、建設事業の遂行には、常に発注者と受注者の癒着という危険性があるわけです。

　このため、契約条件を受発注者間にしっかりと位置付け、権利と義務を明確

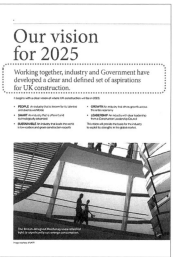

図-3　英国政府の建設産業政策大綱「Construction 2025」

29

にし、第三者の専門技術集団（通常は建設コンサルタント企業）を介在させ事業遂行過程の透明性を確保するという方法が取られることになります。つまり、契約は発注者と受注者の権利と義務を明確にするという機能だけでなく、プロジェクト遂行の透明性確保という機能も合わせ持つことになるわけです。

しかし、「発注者の監理体制強化」が基軸となると、受発注者の責任と権限の明確化や透明性の向上といった契約の基本概念の堅持よりも、発注者が受注者を管理するための「管理基準の設定」の方が重要になってきます。

日本の公共工事において、標準契約約款よりも共通仕様書や積算基準といった発注者側の管理図書の方が重要視される理由は、こういった背景があるからなのです。

2) 日本の「協調の原理」の実像

建設業法の第18条（建設工事の請負契約の原則）には以下のような記述が見られます。

> 建設工事の請負契約の当事者は、各々の対等な立場における合意に基いて公正な契約を締結し、信義に従って誠実にこれを履行しなければならない。

建設事業に携わる多くの人々が、この条文の「信義に従って誠実に」という文言を注視し、これこそが「協調の理念」の根幹であるとして仕事を続けてきました。

問題は、信義と誠実を生み出す条件や要件について、深く掘り下げた研究や議論をせずに、単純に相互信頼は「日本の事業文化」と考えてきたことです。

建設業法の第18条を理解する上で最も重要な項目は、信義と誠実の前にある「各々の対等な立場における合意に基いて公正な契約を締結し」という文言です。つまり、第18条は、信義と誠実が働き始める前提は、「公正な契約の締結」

であり、公正な契約は「各々の対等な立場における合意」に基づくものであると述べているのです。

このように分析していくと、我々が拠り所として来た「協調の原理」というものが、如何に基盤が曖昧なものであるかが理解できると思います。

3) 会計法や予決令との問題

日本ではなぜ、受発注者間の機能連携を遂行基軸とせず、「発注者の監理体制強化」が基軸となるのでしょう。

先に、「官の無謬性」について触れましたが、日本の行政システムは「役人は決して間違いを犯さない」という前提で作られています。これは精神論ではなく、行政システムの「基本条件」となっているのです。

実際、公務員にとって「官の無謬性」は極めて重い課題であり、このため余分なことは考えず、決められた方法で業務を遂行するという考え方になるわけです。注視すべきは「決められた方法」、つまり、発注者が受注者を管理する「基準の設定」がどの様にして作られるのかです。

行政にとって最重要項目は予算管理であり、このため、ほとんどの管理基準が「会計法」や「予算決算及び会計令」（以下、予決令という）を考え作成されることになります。しかし、これらの法令は公金の使用・支出管理が目的であり、事業を効率的に遂行するための「受発注者間の機能連携」といった思想は組み込まれていません。従って、作成された管理基準と建設事業の遂行実態とが合わないという問題が発生してくるわけです。

2005年に、国土交通省を所管官庁とした「品確法」が制定され、2014年には改定品確法が制定されました。この法律を活用し、官の管理基準と建設事業の遂行実態の乖離を是正していく方策が考えられますが、品確法に関しては後に詳細に分析していくことにします。

4. 建設産業が直面する問題

1) 国家の発展と建設産業

　建設産業は、明治時代から近代的な社会基盤整備に取り組み、日本の近代化と産業の発展に大きな役割を果たしてきました。第2次世界大戦時には沖縄が戦場と化し、連合軍の爆撃によって東京、名古屋、大阪、福岡といった主要都市を含め200以上の都市が焼き尽くされ、広島と長崎は原子爆弾によって多くの人々が死傷し破壊されました。戦争終結時の日本は人々の生活と、これを支える社会基盤施設が壊滅的状態となっていたのです。。

　建設産業は焦土と化した国土を10年程度で復旧させ、休むことなく、経済発展のための社会基盤整備事業を迅速にそして的確に推進しました。こうした建設産業の努力によって日本は世界の国々が「20世紀の奇跡」と称賛した経済発展を遂げたわけですが、この事実は国民の誰もが知ることでした。

　その建設産業が、1990年代に入ると、贈収賄事件等を発生させ国民の信頼を一気に失う状態に陥ってしまったのです。

　1995年に発生した阪神淡路大震災以降、十勝沖地震、新潟県中越地震、2011年の東日本大震災、2016年の熊本地震、2018年の西日本豪雨災害、近畿台風災害、北海道地震など、連続した大災害に直面し、国民は建設産業の重要性を再認識してきています。この機会をとらえて、建設産業が、なぜ、国民の信頼を失う状態に陥ったのかを、真摯に分析しておくことが必要と思います。

　図-4は日本の建設投資と国民一人当たりの年間生産量（GDP/Capita）の変遷を示したものです。建設投資額は、投資額そのものを示す「名目値」と、物価変動等を加味した「実質値」の2つの指標で表されますが、図-4の建設投資額は「実質値」で表したものです。

　この図に示されたように、1960年代初頭の建設投資額は「実質値」で10兆円程度でしたが、約10年後の1970年代初頭には約60兆円に達しています。この時期に、名神や東名高速道路、新幹線、大都市高速道路、地下鉄や鉄道網

第1章　日本の建設産業の実態を知る

整備、空港や港湾の拡張、上下水処理場等の社会基盤整備事業が進められました。

一方の国民一人当たりの生産量の変遷を見てみましょう。世界銀行は、約800ドル以下の国を「低所得国」、800から3,000ドルを「低中所得国」、3,000から10,000ドルを「高中所得国」、10,000ドルを超えた国を「高所得国」といった分け方をしています。1960年代初頭の日本の値は800ドル以下でしたが、80年代初頭には10,000ドルを超え、90年代初頭には30,000ドルを超えるレベルに達しています。

日本は、わずか20年間で「低所得国」から「高所得国」の仲間入りを果たし、更に10年間で世界屈指の経済発展国となったわけです。この発展を世界は「20世紀の奇跡」と称えました。

1960年代初頭から1970年代初頭の間に行った社会基盤整備は、着実に経

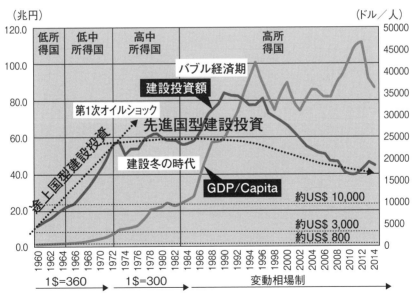

図-4　建設投資と国民一人当たりの年間生産量の変遷

済発展を支える機能を果たしたことが分かります。

問題はバブル経済期に行われた建設投資です。この時期には、年間80兆円を超える建設投資がなされましたが、以後のGDP/Capitaは、ほとんど変化していません。

結果からするとバブル経済時の建設投資によって整備された社会基盤施設は、経済発展にほとんど寄与していないということになります。

2) 建設投資に関する考察

前ページの**図-4**から幾つかの考察すべき問題を見出すことが出来ます。

第1は、1970年代までに行われた急速な建設投資は、経済発展に不可欠な社会基盤の整備に使用されたということです。国家が発展するためには思い切った建設投資を行い、社会基盤整備を推進する必要があります。このパターンの建設投資を、筆者は「途上国型建設投資」と定義しました。

一方、先進国の範疇に入った国は、産業発展のための社会基盤整備が充足していくため、社会基盤整備の中核が既存施設の維持と国民の生活環境の向上のための施設整備となっていきます。従って、建設投資の急速な増加が止まり、徐々に減少し所定量を保持し安定していく形となります。この形の建設投資は「先進国型建設投資」と定義することができます。

こういった投資パターンの変化に伴い建設産業を動かすシステムも変更が必要となってきます。日本の建設産業で見ると、1970年代中頃にオイルショックによって建設投資の増加が突然止まり、バブル経済が始まるまでの10年間、ほぼ水平に移行した時代がありました。

人々はこの時代を「建設冬の時代」と言っていましたが、これは「途上国型建設投資」から「先進国型建設投資」への変換期であったと考えられます。この時期に建設産業システムの変更が必要だったわけです。

「途上国型建設投資」と「先進国型建設投資」の相違は、単に投資の速度と量の問題ではありません。本質的な問題は社会基盤整備を求める国民の意識

が変化していくことです。

　図-5は、経済発展状態と、社会基盤整備に関する国民の関心度を、必要物（Needs）と要求物（Wants）という言葉を用いて説明したものです。国が高所得国の範疇に入ると、経済発展に必要な社会基盤整備がほぼ充足した状態になります。つまり、国民が必要としているもの、Needsは充足した状態となるわけです。

　「先進国型建設投資」では、事業対象の主体が、国民の生活の質的向上や欲求に対応するものとなってきます。すなわち、要求物（Wants）としての要素が拡大していくことになるわけです。

　NeedsとWantsの相違を説明すると、以下のようになります。読書に必要な照度を持つ照明器具を求める、これはNeedsです。一方、照度の充足だけでなく、装飾性を加味した照明器具を求める、これはNeeds＋Wantsということになります。

　提供する側に立って考えると、Needsだけの状態であれば充足状態の特定は難しくはありませんが、Needs＋Wantsの状態となると、求める者の価値観や嗜

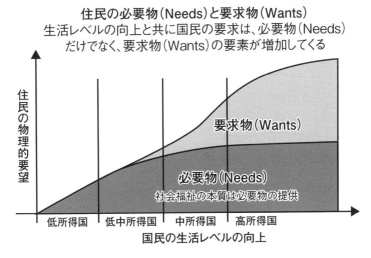

図-5　経済発展状態と社会基盤整備に関する国民の関心度

好等が加わってくるため、充足状態の特定が困難になります。

　「途上国型建設投資」の状態とは、国民が生きていくために必要な施設、国の発展に不可欠な施設を整備していくわけですから、迅速性が重視されることになります。しかし、「先進国型建設投資」の状態に入ると、国民や住民の合意形成や、事業遂行の透明性の保持といった新たな課題対応が求められるようになってきます。

　我が国では「先進国型建設投資」に対応するマネジメント技術が未整備のため、国民が公共事業を的確に理解できないといった状態が見受けられます。

　例えば費用対効果分析（B by C：Benefit by Cost. Cost-benefit analysis）に関する議論です。2000年代初頭の道路公団民営化の議論を契機に、公共事業の実施に関して、費用対効果の分析の必要性が叫ばれるようになりました。しかし、この分析は全ての公共事業に適用されるものではありません。費用対効果分析は、本来、投資対象がNeeds+Wantsの範囲にある場合に適用するのであり、投資対象がNeedsの範囲にある場合は適用すべきものではありません。

　道路公団民営化の議論が白熱化している時期、筆者は自民党の行政改革推進本部の要請で、道路公団民営化に反対する何人かの国会議員と費用対効果分析の適用について話し合ったことがあります。その内の1人は総理大臣を経験された議員で、彼は以下のような話をしました。

　自分の選挙区に、数十人しかいない山間部の村落があり、この村落に通じる道路橋が劣化してしまい架け替えが必要になっている。費用対効果分析を適用すれば架け替えはほぼ不可能になる。全てを費用対効果分析で判断することはおかしい。

　この意見に対し筆者は以下のように答えました。費用対効果分析は投資効率を見出す手法です。この手法を適用するか否かは、対象事業が「必要物：Needs」の範囲にあるのか、「必要物＋要求物：Needs+Wants」の範囲にあるのかによって判断しなければなりません。話にあった山間部の村落に通じる橋梁のような場合は、明らかに必要物：Needsの範囲の内容ですから行政的判断によって実施を決めるべきものとなります。政治家は行政がこうした判断を的確に行

うように見守り、支援すべき立場にあるはずです。

　道路公団の民営化が議論されるようになったのは、上述のような議論をしっかり行わず、その地域にとってはNeedsの範疇にある高速道路に対しても費用対効果分析を適用し、無理やり投資効果があると結論付けて事業を推進したことが主な原因であると筆者は感じています。

　日本は、戦後、戦災復旧や、経済発展に必要な社会基盤整備を迅速に推進するために必要とされる有効性の高い公共事業遂行システムを作り上げてきました。しかし、それは建設投資の対象が Needsであることを前提にして構築されたものです。このため、投資対象に「Needs＋Wants」が加わってくると、機能不足が生じてくるわけです。

　そもそも考えなければならないのは、高速道路は「Needs＋Wants」の範囲にあるものなのかということです。

　日本には、馬車等の車を長距離交通手段とした時代がありませんでした。つまり車両専用の道路建設は国民にとって新たな概念の導入であり、特に車そのものが贅沢品であった時代は、高速道路も贅沢品というのが一般的解釈であったわけです。また、高速道路を整備するために通行料を徴収し、これを高速道路整備の「特定財源」としたことも、高速道路整備を「Needs＋Wants」の範囲にあるものとしてしまったわけです。

　最近では「高規格道路」といった表現が使われ出していますが、原点に戻り、国家、国民にとって必要（Needs）となる高速道路網計画の明確化が必要です。

3) 公共事業システムの改革

　「建設冬の時代」の中頃、建設省（現国土交通省）は、公共事業遂行システムの改革に動き出しました。建設企業も経営改革や国際市場への展開といった対策を取り始めました。しかし、1980年代中頃から始まったバブル経済による建設投資の急増によって、公共事業遂行システムの改革は「お蔵入り」となってしまったのです。

バブル経済時は民間建設投資だけでなく、日米貿易不均衡の是正を目的として行われた「日米構造協議」で、10年間にGDPの10%に値する430兆円（最終的には630兆円）の内需投資が合意され、公共工事への投資も一気に増加しました。

　産業システム改革の議論が復活したのは、「建設冬の時代」から20年以上も経過してからでした。

　2002年8月に公共事業評価システム研究会が「公共事業評価の基本的考え方」という指針を発表しました。この指針では、アカウンタビリティー（Accountability、説明責任）という言葉を用いて公共事業の執行全体にわたり、透明性向上の必要性を議論しています。しかし、指針が実践に移されると、その対象が入札制度に限定されていき、現在に至っています。

　公共事業の透明性の向上とは何かを考えてみましょう。透明性の向上とは、改めて言うまでもなく「見え難いものを見え易くする」ことです。公共構造物は、公の使用物ですから、ほとんどの場合、造られた物、つまり「結果」は誰でも見ることができます。従って、公共事業の透明性とは「いつでも造る過程を見たい人に見せ、説明できるシステムを持つこと」ということになります。

　問題は、造る経過の「何を」見せるかです。国民、納税者の最大の関心は、税金がどのように使われているかであり、国民の見たいことの第1は、その事業が本当に必要であるのかどうかであり、第2は事業が適切に行われているかどうかです。

　前者は事業計画の問題であり、発注機関自身が対応する課題となります。後者は発注者と受注者が共同して対応しなければならないことになります。

　事業が適切に行われているかの検証基準となるのは何でしょうか。それは受発注者間で締結された契約条件ということになります。つまり、契約は発注者と受注者の権利と義務の明確化という機能だけではなく、国民に、いつでも造る過程を見せ、説明するために必要な機能を持つわけです。

　このように分析していくと、発注者と受注者に、しっかりとした契約管理能力が備わっていなければ、説明責任は全うできないことが明らかになってきます。これ

38

第1章　日本の建設産業の実態を知る

は、公共事業だけの原則ではありません。民間事業も、資金提供者がいるわけ
ですから、同じです。

5. 国民の信頼を取り戻す方策

1) なぜ、国民は建設産業を信頼しないのか

　まえがきでも述べましたが、建設業界が国民の信頼を失う状態に陥った時、
建設産業に携わる人々や、学会などから「国民やメディアは建設産業の役割を
理解しようとしない」といった不満や嘆きが聞かれました。そして、協会や学会に
よって、建設を「知ってもらう」ための様々な催しが実施されるようになりました。し
かし、国民やメディアの反応は未だ変わっていません。建設事業に関する信頼
がいつまでたっても回復しない原因は国民やメディアの認識不足ではなく、
我々、建設事業に携わる者の取り組み方にあると考えなければなりません。
　受発注者が、結果を重視し、事業推進のルールである契約に関する遵守意
識が希薄な状態で工事を進めている実態は、選手たちがルールを熟知せず、
観客もどんなルールなのか分からないスポーツ競技を行っているようなものです。
ルールが明確でなければメジャーな競技にはなりません。つまり、現状のやり方で
は観客である納税者の信頼は永久に高まらないということであり、建設事業に携
わる我々はこの事実に気付かなければなりません。
　プロフェッショナルとは何か。それは、一般人が持つ疑問や質問、要求に的
確に対応できる能力を備えた者です。問題は、我々、建設産業に携わる者
が、プロフェッショナルとして国民の疑問や質問に対応する技術を持っているの
かということです。これまでに分析した通り、契約管理という建設マネジメントの
根幹技術を身に付けていなければ透明性や説明責任を語ることは出来ません。
　国民の信頼といった観点から、2000年代に入って、建設産業でも「コンプライ
アンス：Compliance」という言葉が頻繁に使われるようになりました。日本ではこれ

39

コンプライアンスに対する理解
コンプライアンスを"法令遵守"とするのは短絡的

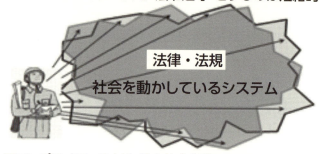

■コンプライアンスとは、法と社会を動かしているシステムとが一致しない部分をどのように考え、対応してゆくかということ。
■コンプライアンスの第一歩は契約約款の内容を知ること。

図-6　コンプライアンスの本質

を「法令遵守」と訳していますが、この訳は適切なものとはいえません。国民として、又、企業人として法令を遵守することは当然のことです。

図-6は、海外の友人達にメールを送り、各国のComplianceの実態を調査し作成したものです。Complianceは法令遵守だけでなく、法令の範疇では捉えられない社会規範に対して、あるいは、社会実態が法令と適合しない場合、自身がどのように対応（Comply）したらよいかを見出していくことなのです。

例えば車の運転です。制限速度を超えた運転は法令違反となりますが、運転者は、制限速度（法令）と、車の流れを損なわない速度（社会実態）を考え、妥当な速度を選択しながら走行するという対応が求められることになるわけです。

日本の企業では、コンプライアンス対応として、従業員に「法令遵守」の誓約書を提出させるといったやり方が見られます。しかし、これはほとんど効果のないものと言ってよいでしょう。

なぜならば、図-7に示したように、建設事業に関連する様々な法律・法令が、建設事業の遂行実態と乖離した部分を多く含んでいるからです。会計法、

第1章　日本の建設産業の実態を知る

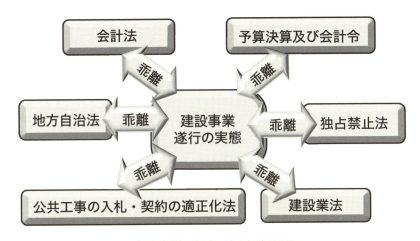

建設産業が抱える根本的問題

図-7　法令と建設産業の実態との乖離

　予決令、独占禁止法に関しては既に触れてきましたが、地方自治法、そして、後に分析しますが、建設業法自体にもあっせん・調停・仲裁の条項など、建設事業の遂行実態と乖離した部分が見られます。

　法令と建設事業の実態の乖離という根幹問題を抱えながら発注者の実務者も、受注者の実務者も、一生懸命頑張って仕事をしているのです。深刻なのは、実務者自身も何か変だと感じながら、法令と自分達が日々行っている事業の遂行実態が乖離しているということを良く分かっていないことなのです。これは、正に、日本の建設産業が抱える悲劇といっていいでしょう。

　こういった現実を棚上げし、「法令を遵守しろ」と言うのは無責任であり、言われた実務者達は白けてしまいます。組織として取り組むべき方策は何か。それは、関連法規の正しい解釈〈知識〉と、法令と事業遂行実態の間で機能する公共工事標準請負契約約款や民間建設工事標準請負契約約款を、しっかりと勉強する場を用意することです。

2) 品確法の改定とその目的

　2007年6月に、国交省総合政策局長の私的諮問機関として発足した建設産業政策研究会が『建設産業政策2007─大転換期の構造改革─』を発表しました。この政策指針は、従来の建設産業政策とは異なり、公的発注者の行動指針にも踏み込んで論じています。2014年の品確法の改定内容を見ると、この産業政策で述べられている方針が基盤となっていることが分かります。

　改定品確法の第7条「発注者の責務」は大きく加筆された条項で、第1項には以下のような文章が見られます。

　　　　公共工事を施工する者が、公共工事の品質確保の担い手が中
　　　　長期的に育成され及び確保されるための適正な利潤を確保する
　　　　ことができるよう、適切に作成された仕様書及び設計書に基づ
　　　　き、経済社会情勢の変化を勘案し、市場における労務及び資材
　　　　等の取引価格、施工の実態等を的確に反映した積算を行うこと
　　　　により、予定価格を適正に定めること。

　この記述を見て、建設業界の多くの人たちは、発注者が受注者の利益を確保してくれると解釈しました。しかし、この解釈は拙速です。この条項は、文末にあるように「予定価格」の定め方を述べているに過ぎません。これまで、企業が適正な利潤を確保できるような予定価格を設定してこなかったのかというと、そんなことはありません。

　適正な利益が確保されなければ企業は存続できず、産業は衰退します。こんな単純な原理を政府が見落とすはずがありません。つまり、予定価格には、形はどうあれ、適正な利潤が含まれていたのです。では、なぜ、当然の事を法令化する必要があったのでしょう。

　「品確法」は2005年に定められたものです。この法律の内容を要約すれば、発注者は価格だけでなく品質も考えて受注者を選びましょうということになります。

第1章　日本の建設産業の実態を知る

　物を買う時に品質を考慮せず価格だけを見て購買を決める人はいません。こうしたことを法律でわざわざ定めている国は日本以外にはないでしょう。なぜ、こうした法律を定めたのでしょう。

　品確法を定めた理由は、既に述べたように会計法が最低の価格をもって申し込みをした者を契約の相手方とすると定めているからですが、会計法の第29条第6項では、最低価格の入札者の価格が適正でない場合は、他の入札者を選択することが可能となっているのです。

　しかし、財務省はこうしたケースは超例外としているようで、国土交通省等が公共事業調達の特性を考慮すべきといった意見を何回述べても財務省の見解が変わることはありませんでした。そこで国土交通省は自身の所管する法律として品確法の制定に動いたわけです。

　このように、「所管法令」というシステムが縦割り行政の根幹的問題といえるのですが、これは政治が仲介して解決しなければならないことなのです。

　会計法は公的組織の予算取り扱いに関する法律ですから、受注者の適正利益の確保といったことは考察対象にしていません。これは理解出来るのですが、会計法には適正利益確保の面で2つの問題があります。第1は予定価格の「上限拘束性」の存在であり、第2は「予備費確保」に関わるシステムの欠如です。

　企業が無理な入札額を提示し契約に至れば、利益確保が難しくなることは当然です。我が国の公共工事の入札では、会計法29条第6項に規定されている「上限拘束性」が介在し、予定価格を上回った入札は失格となるのです。

　このシステムでは、予定価格が実態と乖離した低価であっても、あるいは、予定価格の設定に間違い、いわゆる「違算」があっても、予定価格以上の額では契約できないことになります。実際に地方公共団体等では予定価格の違算が契約後に発覚し、契約を解除するといったことが、かなりの頻度で発生しています。

　これでは適正利益の確保といった議論は無理です。改定品確法では、是正策として、適正な予定価格の設定と、入札が不調となった場合、予定価格の見直しを行うようにしたわけです。

43

さて、第2の問題、予備費の確保ですが、建設工事は完成品の取引ではありませんので、目的物の完成までには予見し得ない様々な事象が発生して来ます。このため予備費を確保しておくことが必須となります。

世界銀行が建設工事に融資する場合、通常、施工条件や地質条件等の物理的な条件変更に対応する予備費として、工事予算の15％程度、物価変動に対する予備費として10％程度、計25％程度の予備費を含めて貸し付けを行っています。大型ダムや数キロに及ぶトンネル等のプロジェクトではさらに多くの物理的条件変更への予備費が確保されます。

受注者の適正利益確保には、契約額もさることながら、契約条件の変更や変化によって発生する追加費用や工期延伸が適正に行われるか否かが大きく影響してきます。

改定品確法の第7条（発注者の責務）の第5項に追加費用や工期延伸に関し、以下の記述が見られます。

　　　……設計図書に示された施工条件と実際の工事現場の状態が
　　　一致しない場合、設計図書に示されていない施工条件について
　　　予期することができない特別な状態が生じた場合その他の場合
　　　において必要があると認められるときは、適切に設計図書の変
　　　更及びこれに伴い必要となる請負代金の額又は工期の変更を行
　　　うこと。

この記述は公共工事標準請負契約約款の第18条に記された内容と同じです。標準契約約款に記され、長い間対応してきたはずの事柄を、なぜ、わざわざ法令化したのでしょうか。

理由は、追加費用の支払いや工期延伸が適切に行い難い状態にあり、これを是正しなければ受注者の適正な利益確保が出来ないことを明確にしたかったからでしょう。

改定品確法では予備費の議論まで踏み込んでいませんが、長い間、建設工

事の実態と適合しない会計法の論理に縛られてきた我が国の公共工事も、ようやく契約を基盤としたシステムが動き始めたといってよいでしょう。

3) 日本の建設契約形態の特徴

　前項で、品確法改定の目的の1つは、追加費用の支払いや工期延伸を適切に行い、受注者の適正な利益確保が出来るようにすることであると述べましたが、なぜ、追加費用や工期延伸が適切に行い難い状態になったのかを考えてみましょう。

　日本の建設契約は「総価一式請負契約」を基本にしており、公共工事標準請負契約約款も、民間建設工事標準請負契約約款も、この契約形態を基盤として作られています。

　建設工事は設定した条件に従って設計し、施工されるものですから、設定条件が工事実態と異なる、或いは、設定条件にはなかった事象に遭遇するといった問題が発生します。

　日本の公共工事は「設計施工分離」を基本としているため、施工だけを総価一式請負契約で行う形となっています。実態は、発注者が設定した工事範囲を、受注者が、契約額内で、契約工期内に完成させる契約となり、追加費用の支払いや工期の延伸は発注者自身が契約内容や契約条件を変えた場合、或いは天災等の不可抗力が発生した場合以外は、行わないということになっています。

　そもそも、総価一式請負契約を施工だけを行う契約に適用する場合は、設定した工事範囲や条件が大きく変化しないという前提が必要となります。つまり、総価一式請負契約は変更が多く発生する工事には適さない契約形態となります。

　では、変更が多く発生することが予想される施工契約にはどの様な契約形態が適用されるのかというと、それは「単価数量精算契約：Re-measurement Contract」ということになります。アメリカは少し異なるのですが、この契約形態が世界の建設契約の基本形となっているのです。諸外国では、総価一式請負契

約を、受注者が設計段階から参画し、自身で条件設定をする設計施工一体の案件か、設定条件の変更が発生する可能性が低い小規模施工工事に適用しています。

4) 単価数量精算契約とその効能性

単価数量精算契約では、各工事単価が契約対象となり、契約単価×実施工事数量＝出来高金額というように支払いが行われることになります。

この方式であれば、月毎の完成部分に対する支払いも容易にできるし、工事数量の増減にも柔軟に対応することができます。更に、ある作業に契約で設定された条件の変更が発見された場合には、その作業の契約単価を見直すことで、適切な追加費用の精算対応が可能となります。

利点はこれだけではありません。総価一式請負契約では、追加費用の支払いが必要になった場合、その都度、新たに追加契約や変更契約を結ぶことが必要になりますが、単価数量精算契約ではこれらの手続きは不要となります。

又、総価一式請負契約では、追加費用を「随意契約」の形で処理せざるを得ないため、面倒な会計検査対応が求められることになりますが、単価数量精算契約では追加契約を結ぶ必要がないので、こういった問題は発生しません。

こうして見てくると、設計施工分離を原則とする我が国の公共事業に、総価一式請負契約形態を適用していることは、大変やり難いシステムを選択していることが明らかになってきます。

現状の契約形態では、発注者も追加費用や工期延伸の対応が困難な状態に置かれているわけですから、改定品確法のいうところの発注者責任として受注者の適正利潤や適正工期を確保するということは容易ではないということが分かります。

我が国の公共工事に、単価数量精算契約を適用することが可能か考えてみましょう。会計法や予決令では、総価一式請負契約でなければならないと明記した条項は見当たりませんが、予算決算及び会計令の第80条(予定価格の決定

第1章　日本の建設産業の実態を知る

方法)の第1項には以下の記述が見られます。

予定価格は、競争入札に付する事項の価格の総額について定めなければならない。ただし、一定期間継続してする製造、修理、加工、売買、供給、使用等の契約の場合においては、単価についてその予定価格を定めることができる。

　この条項で述べる単価予定価格は、いわゆる「単品調達契約」を想定したものですが、建設工事には、単価数量精算契約の適用は不可と言っているわけではありません。

　もし、単価数量精算契約の約款がないからできないと言うのであれば、約款を用意すればよいことになります。実は、過去にこういった動きがあったのです。

　国土交通省は、2011年に建設産業の国際競争力の向上策として、国際的に認知されたFIDIC(国際コンサルティングエンジニア連盟)の単価数量精算契約約款を用いた試行プロジェクトを関東地方整備局で実施しました。しかし、実施面で現状のシステムとの乖離点が多くあることが明らかになり、試行の状態で止まったままになっています。

　これらの試みの結果、「現行の関係法令や実施方式を踏まえて最も諸外国の方式に近い方式」ということで、2012年度から、次項で述べる「総価契約単価合意方式」が導入されました。しかし、この方式は、総価一式請負契約と単価数量精算契約という論理基盤の異なる契約形態の組み合わせであり、暫定処置としては有効であっても、抜本的な改革策とはなりません。

5)「総価契約単価合意方式」の導入

　2012年度から、国土交通省で「総価契約単価合意方式」が導入されました。この方式は、総価一式請負契約に単価数量精算契約のやり方を組み入れた形になっていますが、本質は変わらず、総価一式請負契約形態となります。

47

ODA等の国際プロジェクトの総価一式請負契約では、通常、単価数量精算契約と同じように、受注者が入札時に提出した「工事内訳表：Bill of Quantities」が契約図書に組み込まれます。この表は工事細目と工事数量を記したもので、出来高支払いや変更工事の追加費用を算出する時の指針として使われます。

我が国の公共工事では、発注者が工事項目と工事数量を記した工事数量総括表（通称、金抜き設計書）を用意し、これに、受注者が各工事の単価を書き入れ、「請負代金内訳書」として発注者に提出しますが、国際プロジェクトと異なるのは、その提出が契約成立後となることです。

「総価契約単価合意方式」は「請負代金内訳書」に記された単価を受発注者が協議して調整する方式ですが、国土交通省はその導入目的を以下のように説明しています。

> 総価契約単価合意方式は、工事請負契約における<u>受発注者間の双務性の向上</u>の観点から、請負代金額の変更があった場合の金額の算定や部分払金額の算定を行うための単価等を前もって協議して合意しておくことにより、<u>設計変更や部分払に伴う協議の円滑化を図る</u>ことを目的として実施するものである。また、後工事を随意契約により前工事と同じ受注者に発注する場合においても本方式を適用することにより、適正な契約金額の算定を行うものである。

国際プロジェクトでは、総価一式請負契約でも、単価数量精算契約でも、入札内容の審査・確認（Tender evaluation and/or Clarification）というプロセスがあり、入札者が示した工事単価が異常に高い、あるいは低い場合は発注者が算出根拠を確認します。しかし、例え単価に計算違いがあったとしても入札者が単価の修正を行うことは許されません。又、契約後に受発注者が協議して単価を決め直すのは、予測できない事象に遭遇した等、契約条件の変更が

48

認められた時であり、こうした状況でない限り契約単価を見直すことはありません。

　なぜ、こうしたルールとなっているかと言うと、契約条件の変更なしに発注者と受注者が契約単価を見直すことは、入札内容の操作に該当することになり、入札の公平性を損なうことになるからです。日本の入札の場合は「総額を提示する入札」であり、工事単価の提示は入札条件に入っていませんので、こうした論理が適用されないとしているのかも知れませんが、契約とは、受発注者が、双方の権利と責務を確定させ、互いがその履行を確約することであり、「受発注者間の双務性」も、契約成立時点で担保されていなくてはなりません。

　この原理からすると、「総価契約単価合意方式」の導入目的で述べられていることは、我が国の建設契約は当事者間の権利と義務が未確定の状態で結ばれると言っていることと同じになります。

6)　「総価契約単価合意方式」の抱える実務的問題

　「総価契約単価合意方式」は、実務的にも問題を含んでいます。それは、単価合意の実態が、発注者の積算単価（注：発注者が自身の積算基準で算出することを「官積算」といい、算出された単価を「官積算単価」という）への摺り合わせになってしまうということです。

　公共工事標準請負契約約款の第3条は請負代金内訳書及び工程表について定めた条項ですが、1962年版では以下のようになっていました。

　　　　甲（発注者）は、内訳書及び工程表につき遅滞なくこれを審査
　　　し、<u>不適当と認めたときは乙（受注者）と協議する</u>ものとする。

　この条文は、1972年版で「受注者は、設計図書に基づいて請負代金内訳書及び工程表を作成し、**発注者に提出し、その承認**を受けなければならない」という文言に改定されました（注：第3条は（A）と（B）があり、（B）には「承認」という

言葉がなく提出のみ）。

　この改定の理由について、『改訂第4版　公共工事標準請負契約約款の解説書』（編著：建設業法研究会　2012年6月　以下「契約約款の解説書」という）では、「発注者が自己の積算内容にあうまで徹底的に協議を行ったため」（P-91）と述べています。

　なぜ、発注者は自己の積算単価に合わせようとするのでしょうか。理由は会計検査対応です。

　1960年代と現在では、産業環境が大きく異なることは事実です。しかし、会計検査の基盤である会計法の解釈は変わっていないわけですから発注者が置かれている立ち位置は同じです。「総価契約単価合意方式」の導入は、設計変更や部分払いに伴う協議の円滑化を図るという効果は期待できますが、受発注者がしっかりした契約管理の知識を持たなければ双務性向上に繋がりません。

　「総価契約単価合意方式」は、総価一式請負契約と単価数量精算契約を組み合わせたものですが、論理基盤の異なる契約形態の組み合わせは、契約の根幹が揺らいでしまうということに気付かねばなりません。

　「総価契約単価合意方式」の導入は、国土交通省が設定の経緯で「現行の関係法令や実施方式を踏まえて最も諸外国の方式に近い方式」と述べているように、官として、可能な限り努力した結果生まれたものですが、これは暫定策であり、抜本的な対応は単価数量精算契約の導入ということになります。

　この課題は官だけでなく、産業界や学界が、産業構造や産業活動の公正、公平、公明、効率性の向上といった視点に立って研究と議論を進めていく必要があります。国民の信頼を回復するためにはこういった産業システムの根幹の議論から取り組まなければならないと思います。

第2章　建設契約管理基盤の認識

第2章　建設契約管理基盤の認識

1. 追加費用と工期延伸対応

1)「クレーム」と「Claim」の相違

　建設プロジェクトの追加費用や工期延伸の請求を国際市場では「クレーム：Claim」と言います。日本語の辞書（『大辞林』三省堂）では「クレーム」を以下のように定義しています。

- 商取引で、売買契約条項に違約があった場合、違約した相手に対して損害賠償請求を行うこと。
- 苦情。異議。「―をつける」「―の処理をする」

　このようにカタカナのクレームは苦情、不満といった意味で使われており、日本語のクレームは「不平：a complaint」と同義であり、メディア等では不当要求といった意味で使っている例も見られます。一方、英語の辞書では「Claim」を以下のように定義しています。

　　A demand for something as one's rightful due; affirmation of a
　　right. 正当な権利に基づく物事の請求、権利の是認

　このように「Claim」は、「不平」でもなければ、「不当要求」でもなく、「正当な権利に基づく請求」なのです。従って、追加費用や工期延伸のClaimは正当な権利に基づく請求であり、又、正当な権利に基づく請求でなくてはならないということなのです。

　取引において、最も基本的なことは、言うまでもなく、提供した物に対し、適

正な対価が支払われることです。

　建設産業においては、追加費用の支払いや工期延伸が適切に行われるシステムを備えることが、産業全体の公正性、公平性、公明性：fairnessの確保の原点であり、世界各国が建設産業を健全に維持し、発展させていくための最重要項目として真摯に取り組んでいることなのです。

　言い換えれば、追加費用支払いや工期延伸を適切に行うことは、建設産業の公正、公平、公明性の担保の根幹となるわけです。

　こう考えると、改定品確法の「発注者の責務」は、受注者を助けるために定めたものではなく、産業の原点であるfairnessを確保するために定めたものと理解すべきことが分かります。

2) なぜ、「設計変更」と言ってきたのか

　日本では追加費用や工期延伸対応を「クレーム」と言わず「設計変更」と言って来ました。これには、2つの理由が考えられます。第1の理由は、先に述べたように、クレームという言葉の意味が苦情や不満となっていることです。そして、第2の理由は、追加費用や工期延伸に対する処理の実態です。

　日本の公共工事では、追加費用や工期延伸の対応は受注者からの請求：Claimに基づいて行われるのではなく、発注者が自ら対応する形となっています。その理由は、総価一式請負契約は発注者が契約内容を変えた時以外は原則として完成期日と請負額の変更はないという論理にあると考えられます。つまり、発注者が自身で契約内容を変えた、これを「設計変更」という言葉で表しており、従って発注者自身で完成期日や請負額の変更を行い受注者に知らせるという論理です。

　国際建設市場でも、総価一式請負契約は不可抗力の発生や発注者が契約内容を変えた時以外、原則として完成期日と請負額の変更はないという論理は存在します。

　しかし、発注者自身が、自分の意向や都合で設計内容や契約条件を変更し

た場合でも、受注者から追加費用や工期延伸の請求図書（Claim documents）が提出されない限り、発注者は何の対応もしません。これは、「請求なきものに支払いなし」という極めて明快な理論から生まれてくるものです。

　公共工事標準請負契約約款の第19条に（設計図書の変更）という条項があり、以下のことが記されています。

> 　発注者は、必要があると認めるときは、設計図書の変更内容を受注者に通知して、設計図書を変更することができる。
> 　この場合において、発注者は、必要があると認められるときは工期若しくは請負代金額を変更し、又は受注者に損害を及ぼしたときは必要な費用を負担しなければならない。

　この条項は、発注者が必要と考えたら、自由に設計を変更することができ、追加費用や工期延伸が必要なら対応すると述べています。この条項が基になって「設計変更」という言葉が生まれ、追加費用や工期延伸の対応も含むものとなったと思われます。

　問題は、発注者が自身で追加費用や工期延伸に対処するというシステムが作られ、受注者が「正当な権利に基づく請求」という行動をとらなくなってしまったことです。日本の建設企業の国際対応力の低さはこの点にあるのですが、これについては後に詳しく述べていくことにします。

2. 設計・契約変更のガイドライン設定

1）設計変更と契約変更の相違

　公共工事標準請負契約約款には「発注者と受注者が協議して定める」という文言が記された幾つかの条項があります。

第2章　建設契約管理基盤の認識

　協議＝交渉とは、提案：offerと受諾：acceptanceのやり取りです。受注者から正当な権利に基づく請求図書の提示、つまり、offerが明確に示されなければ公平、公正、公明な協議は成立しません。

　2008年に、国交省の各地方整備局から、追加費用や工期延伸の対応方法を定めた『工事請負契約における設計変更ガイドライン』が出され改定が続けられています。興味深いのは、同じ国交省でも、港湾局は「設計変更ガイドライン」ではなく、『港湾工事における**契約変更事務**ガイドライン』としていることです。

　なぜ、地方整備局と港湾局ガイドラインのタイトルが違うのでしょう。その原因を探ってみる必要があります。

　理由を調べていくと、地方整備局のガイドラインと港湾局のガイドラインでは「設計変更」と「契約変更」の定義が異なっていることに気付きます。港湾局のガイドラインでは、「設計変更」と「契約変更」を以下の様に定義しています。

　　　設計変更：工事の施工に当たり、<u>設計図書の変更</u>にかかるもの
　　　　　　　　をいう。
　　　契約変更：設計変更により、工事請負契約書に規定する各条
　　　　　　　　項に従って、<u>工期や請負代金額の変更</u>にかかるもの
　　　　　　　　をいう。

　一方、地方整備局のガイドラインの定義は以下の通りです。

　　　設計変更：契約変更の手続きの前に<u>当該変更の内容をあらか
　　　　　　　　じめ受注者に指示する</u>こと。
　　　契約変更：契約内容に変更の必要が生じた場合、当該受注者
　　　　　　　　との間において、既に<u>締結されている契約内容を変
　　　　　　　　更する</u>こと。

　港湾局のガイドラインの「制定の目的」には以下の内容が述べられています。

55

改正品確法の基本理念に「請負契約の当事者が対等の立場における合意に基づいて公正な契約を適正な額の請負契約代金で締結」が示されているとともに、「設計図書に適切に施工条件を明示するとともに、必要があると認められたときは適切に設計図書の変更及びこれに伴い必要となる請負代金又は工期の変更を行うこと」が規定されている。

　地方整備局のガイドラインもこれと同じ記述があるので、港湾局と地方整備局のガイドラインの制定目的は、共に「工期や請負代金額の変更」を適切に行うためであることが分かります。従って、港湾局の「契約変更事務ガイドライン」というタイトルの方が制定目的を的確に表現しており、設計変更と契約変更の定義も分かり易い内容となっています。
　ここからは、両ガイドラインの内容を、さらに踏み込んで分析してみることにしましょう。

2) 契約図書の分析（設計変更と契約変更の関連）

　契約条件と異なった事象、つまり変化がない限り、請負代金や工期変更の請求権は発生しません。変化とは「原型と現状の相違」ですから、原型が特定されない限り変化を証明することは出来ません。
　我が国では、元契約がどうであるかではなく、発生した問題をどう解決するかの協議から始まります。このため対処策の論理は組み立てられるのですが、権利と義務の論理が組み立てられないといった現象が見られます。
　建設契約における「原型」とは契約条件であり、それは「契約図書」に記された内容となります。
　公共工事標準請負契約約款には「契約図書」という文言がありませんが、国土交通省の港湾工事共通仕様書及び土木工事共通仕様書では、「契約図書」を「契約書および設計図書をいう」と定義しています。尚、共通仕様書には「契

約書」に関する明確な定義が記されていませんが、公共工事標準請負契約約款の第1条に「この約款（契約書を含む）」という文言があり、契約約款の解説書（P-58）では、会計法29条第1項の記述からすると「契約書」は、約款の条項部分も含まれると述べていますので契約書は契約約款と一体と解釈してよいことになります。

これらのことを総括すると、**図-8**のような公共工事標準請負契約約款の「契約図書」の構造が見えてきます。港湾局のガイドラインの述べる「設計変更」とは、この図の設計図書の枠内に記された書類内容の変更ということになります。

	契約書	1. 契約書（約款の様式） 2. 公共工事標準請負契約約款の条項
契約図書	設計図書	1. 仕様書 2. 図面 3. 現場説明書及び現場説明に対する質問回答書 4. 工事数量総括表 5. 共通仕様書 6. 特記仕様書

図-8 公共工事標準請負契約約款の「契約図書」の構造

問題の設計変更と契約変更の関連を港湾局の定義に従って整理してみましょう。

図面の誤謬是正は設計図書の変更ですので「設計変更」となります。しかし必ずしも追加費用と工期延伸が必要とはなりませんので、「契約変更」に直接繋がるわけではありません。一方、異常気象や急激な地質の変化などは、設計図書の内容変更を必要としませんが、工期や請負代金額の変更に繋がる場合があります。設計変更と契約変更の関連は、

　㋐ 設計変更（設計図書の変更）が必要となり、契約変更を行う。
　㋑ 設計変更が必要となるが、契約変更を行う必要がない。
　㋒ 設計変更は必要ないが、契約変更が必要となる。

57

といった3ケースがあることが分かります。従って、「設計変更により、工事請負契約書に規定する各条項に従って、工期や請負代金額の変更にかかるものをいう」とする港湾局のガイドラインの契約変更の定義は実態と則さない部分を含んでいることになります。

3）国土交通省の設計変更ガイドラインの分析

地方整備局のガイドラインの定義についても分析してみましょう。

地方整備局のガイドラインでは、先に述べたように、契約変更を「契約内容に変更の必要が生じた場合、当該受注者との間において、既に締結されている契約内容を変更すること」と定義しています。

問題はこの定義にある「既に締結されている契約内容」とは何を意味するのかです。

前回述べたように、契約内容とは「契約図書」に記された内容であり、契約図書は「契約書」と「設計図書」によって構成されます。従って、契約内容とは「契約書」と「設計図書」に記された全ての事項となります。

先に分析した通り、工期や請負代金額の変更は必ずしも契約図書内容の変更と連動するわけではありません。従って、「既に締結されている契約内容を変更」という文言は、港湾局のガイドラインのように「工事請負契約書に規定する各条項に従って、工期や請負代金額の変更」とした方がより明確になり、公共工事標準請負契約約款とも整合性がとれることになります。両ガイドランの持つ問題点の解決には以下の方策が考えられます。

⑦ 設計変更の定義は港湾局のガイドラインと同じく「工事の施工に当たり、設計図書の変更にかかるものをいう」とする。

④ 契約変更の定義は港湾局のガイドラインと地方整備局のガイドラインを組み合わせ「契約内容に変更が生じた場合、工事請負契約書に規定する各条項に従って、工期や請負代金額を変更すること」とする。

58

第2章　建設契約管理基盤の認識

　㋒　タイトルを「契約変更ガイドライン」に統一とする。

　タイトルに関してですが、興味深いのは、地方整備局の中でなぜか中国地方整備局だけが「設計変更ガイドライン」ではなく、制定当初より現在に至るまで『工事請負契約に係る　**設計・契約変更**ガイドライン』としていることです。国土交通省に勤めていた友人に聞くと、歴代の中国地方整備局長はほとんどが港湾局出身であるとのことで、こうしたことが関係しているのかも知れません。

　「設計・契約変更ガイドライン」というタイトルは他の地方整備局のガイドラインと港湾局のガイドラインを結合したものとなっています。先に、タイトルを「契約変更ガイドライン」に統一とすると記しましたが、むしろこのタイトルの方がより適切であると感じます。

4) ガイドラインの位置付け

　地方整備局のガイドラインでは設計変更を「契約変更の手続きの前に当該変更の内容をあらかじめ**受注者に指示**すること」と定義しています。又、契約変更の定義では「当該**受注者との間**において」と記述しています。

　これらの記述からすると、地方整備局のガイドラインは受注者と発注者の双方を対象にしたものではなく、発注者の職員を対象として定めたものということが分かります。

　ガイドラインの制定の出発点が改定品確法の「発注者の責務」にあるわけですから、発注者が自身のためにガイドラインを設定することは決しておかしくはありません。しかし、発注者が自身のために設定したガイドラインを、そのまま発注者と受注者の双方のために設定したものとして契約問題の処理に適用するのは、契約の公正性といった観点で問題が発生してくることになります。

　「設計変更ガイドライン策定の背景」の第6項「設計変更ガイドラインの契約図書への位置付け」では「契約の一事項として扱うこととし、特記仕様書へその旨記載する」と記されています。その理由を「運用の徹底を図るため特記仕様書に

59

記載し、契約の一事項として扱うこととした」と述べています。

　この第6項は、「設計変更ガイドライン」の2015年改定版から記されるようになったもので、ガイドラインの策定当初はありませんでした。

　建設業法の第18条（建設工事の請負契約の原則）には「建設工事の請負契約の当事者は、**各々の対等な立場における合意に基いて公正な契約を締結**し、信義に従って誠実にこれを履行しなければならない」と述べられており、同じ内容の文章が公共工事標準請負契約約款の契約書にも記されています。この文章にあるように「公正な契約」とは受発注者が対等な立場に立って合意することであり、契約図書に組み込まれる図書もこの理念に基づき作成されていなければなりません。公共工事標準請負契約約款もこの理念の基に学識経験者、発注者、受注者によって構成される中央建設業審議会が制定しているのです。発注者が自身の職員ために作成したガイドラインを特記仕様書に組み込むといったことは、建設業法の基本理念からも外れ、同時に公共工事標準請負契約約款において改定を重ね向上させてきた契約の公正性を低下させることになります。

　そもそも「設計変更ガイドラン」の内容は全て公共工事標準請負契約約款に記されていることですので、わざわざ特記仕様書に記す必要はないのです。なぜ、地方整備局はこの様な契約の根幹に抵触するような方針を取ったのでしょうか。

　その原因を調べてみましたが、どうも受注者側の団体からも設計変更ガイドラインを契約図書に組み込んで欲しいという話があったようです。設計変更ガイドランに記された内容が確実に実施されるようにということなのでしょうが、この要求は受注者側が自身で契約の公正性を壊してしまうことになります。こうした実態を見ると受注者側の契約管理に関する知識の向上が喫緊な課題であることが分かってきます。

5）契約変更ガイドラインの役割

　国土交通省の各地方整備局が追加費用や工期延伸の対応方法を定めた『工事請負契約における設計変更ガイドライン（平成30年3月版）』では以下のよう

な場合は、原則として設計変更できないとしています。

1. 設計図書に条件明示のない事項において、発注者と「協議」を行わず受注者が独自に判断して施工を実施した場合。
2. 発注者と「協議」をしているが、協議の回答がない時点で施工を実施した場合。
3. 「承諾」で施工した場合。
4. 工事請負契約書・土木工事共通仕様書（案）に定められている所定の手続きを経ていない場合。
5. 正式な書面によらない事項（口頭のみの指示・協議等）の場合。

　これら5項目の内容を、実務に照らし合わせて掘り下げていきましょう。第1項は「協議」の必要性を述べていますが、関東地方整備局の設計変更ガイドラインでは、協議を「発注者と**書面により**対等な立場で合意して発注者の『指示』によるもの」と定義しています。この定義に従えば、受注者は発注者より書面による指示が出されるまで当該作業に着手する義務は負わないことになります。
　一方、国土交通省の『土木工事共通仕様書（平成25年4月改定）』第1編共通編総則の「用語の定義」には、以下のような設計変更ガイドラインとは異なった「協議」に関する定義が述べられています。

　協議とは、書面により契約図書の協議事項について、発注者または<u>監督職員と受注者が対等の立場で合議し、結論を得る</u>ことをいう。

　そもそも、ガイドラインと共通仕様書の定義が統一されていないのは問題ですが、共通仕様書では、「協議」とは話し合いだけではなく「結論」を得ることまで含まれることになるわけです。従って、第1項は結論を得られていない状態で受

注者が施工をした場合は追加費用と工期延伸の対象外となるという意味となり、第2項は、この原則を再確認している記述となります。

この2つの項目からすると、設計図書に条件明示のない事項において、発注者や監督員から指示を受けても、受注者は協議の結論が出るまでは当該作業に着手する義務はないということになります。

留意しなければならないのは、協議の定義に含まれる「結論」という言葉です。協議の結論は、以下の2つのケースが考えられます。

　㋐　受発注者が合意に至る。
　㋑　受発注者が合意に至らない。

　㋑のケース、つまり発注者と受注者が合意点を見出せない状態に陥った場合、公共工事標準請負契約約款ではあっせん・調停、或いは仲裁によって解決をすると規定しています。従って、ガイドラインの原則として設計変更できないとする第1項と第2項は、設計図書に条件明示のない事項に関し、受発注者間の合意が不成立の場合、受注者はあっせん・調停による合意か、仲裁の裁定が出るまで当該作業に着手する義務はないという解釈が成り立つことになります。

国際建設契約約款（FIDIC契約約款）では、受注者は契約問題の紛争中であっても工事を続行しなければならないと定めています。一方、発注者には協議や紛争に関し受注者と適正かつ公正に対応する義務を負わせています。

こうした条項構造としているのは、事業遅延は真の発注者である納税者の便益を損ねることになるからです。つまり公共工事の原理から考えると、第1項と第2項は再検討が必要であり、国際的ルールから見ても、現状のままでは発注者にとって危険な条項となっていることを理解しなければなりません。

次に第3項を分析してみましょう。なぜ、受注者が「承諾」で施工した場合は追加費用や工期延伸を請求することができないのでしょうか。

共通仕様書では「承諾」を「契約図書で明示した事項について、発注者若しくは監督職員または受注者が書面により同意することをいう」と定義しています。

第2章　建設契約管理基盤の認識

「承諾」は英語でConsent、あるいは意見の一致という意味でConcurrenceといいます。これらは「やりたい」といってきたことを受け入れるという意味であり、実施事項の責任は、承諾した側にはなく、承諾を申し入れた側にあるという解釈が成り立つからです。ガイドラインで承諾を「受注者自らの都合により施工方法等について監督職員に同意を得るもの」としているのはこのことを述べているわけです。

一方、「承認：Approve」ですが、建設契約約款では、一般に、自身の持つ権限に基づく要求、或いは指示に対し、相手がその要求や指示に適合する方法を考え出し、提示してきたものを認可するといった関係で使われています。従って「承認」した側にも相応の責任があるという解釈が成り立ちます。

ここで述べた解釈は建設契約等で規定されたものではありませんが、受注者が認識すべきは、たとえ「承諾」されたものであっても、発注者からの「指示」がない状態で行った場合は、追加費用と工期延伸の対象にはならないということです。

逆に言えば、受注者自身に帰責する問題の是正等の指示は別にして、発注者からの「指示」に従って行ったものであれば、受注者の都合により行ったものとはならず、発注者の「承諾」であっても追加費用と工期延伸の対象になるということになります。

6) 設計変更と契約変更の手続き

国土交通省地方整備局の設計変更ガイドラインに記されている、設計変更できないとしている項目の第4項は「工事請負契約書・土木工事共通仕様書（案）に定められている所定の手続きを経ていない場合」としています。

ここで述べている「工事請負契約書」とは公共工事標準請負契約約款の契約書と各条項を意味することになります。従って、所定の手続きとは、公共工事標準請負契約約款と共通仕様書の条項に従った追加費用と工期延伸の対応ということになるわけで、発注者側が定めた手続きではありません。

第4項の問題点は「共通仕様書（案）に従って」としている点です。（案）は未決定という意味ですので、このままではガイドラインも未決定となってしまいます。

63

これは早急に改めなければなりません。

　既に述べましたが、追加費用と工期延伸請求の始動条件は受注者からの請求図書の提示となります。従って、第4項の「所定の手続き」とは、受注者が契約条件に基づき請求根拠を明示し、請求金額、或いは工期延伸期間を記した図書を作成し、発注者へ提出することとなります。

　第4項を理解する上でもう1つ重要なことは、この項目は受注者だけではなく発注者にも適用されるということです。第1項から第3項までは「施工の実施」を述べていますので、受注者から発注者への請求となりますが、第4項は逆のケースである発注者から受注者への請求も含まれることになります。発注者も適正な請求図書を提示しなければ追加費用や工期短縮等の請求は出来ないことになります。

　どのように請求図書を作成するかについては、後に公共工事標準請負契約約款の条項分析等で述べることにします。

7) 書面による意思疎通・記録保持

　最終項の第5項ですが、「正式な書面によらない事項（口頭のみの指示・協議等）の場合」としています。つまり、書面による記録がなければ指示も協議も無効と述べているわけです。ちなみに第5項は第4項と同様に、発注者と受注者の両方に適用されるものとなります。

　ビジネスにおける意思疎通は口頭と書面が主体になりますが、日本のビジネス習慣では人と人の関係が重視されるためか、書面よりも口頭による意思疎通の方が重要視されています。しかし、国際ビジネスでは書面による意思疎通が主体となります。これは人と人ではなく、組織と組織のコミュニケーションが重視されるためです。

　なぜ、人と人より組織と組織の関係が重視されるかというと、組織に勤務する人々の転職率が高く、それまで話していた相手が突然辞めていなくなるといったことが日常的に発生するからです。

　「契約社会」や「書面主義」はこうした社会環境からの必然性によって生まれて

きたものなのです。日本は勤務者の流動性が他国と比較すると格段に低い国ですが、証拠に基づく物事の判断や処理過程の透明性といった面で、書面による意思疎通は極めて重要なものとなるのは明らかですので、認識を改めていかなければなりません。

　公共工事標準請負契約約款の第1条の第5項には「この約款に定める請求、通知、報告、申出、承諾及び解除は、書面により行わなければならない」と記されています。

　また、国土交通省の土木工事共通仕様書の「用語の定義」では「指示とは、契約図書の定めに基づき、監督職員が受注者に対し、工事の施工上必要な事項について**書面により**示し、実施させることをいう」としています。更に「承諾」に関しては、「契約図書で明示した事項について、発注者若しくは監督職員または受注者が**書面により**同意することをいう」としています。

　このように、我が国の建設契約でも書面による意思疎通が義務付けられています。それなのに、なぜ書面が軽視されるのでしょう。その理由は先に述べた社会環境に基づくビジネス習慣だけでなく、行政システムに深く関連していると考えられます。

　発注者にとって設計変更や契約変更を行う場合、意識しなければならないのは、会計検査です。会計検査は会計法及び予決令に従って行われます。しかし、会計法と予決令には、これまで述べてきた通り、建設事業の遂行実態と適合しない部分があり（厳密にいえば、先に述べたように会計法の解釈なのですが）、追加費用や工期延伸に関しても具体的対応策が述べられていません。

　このため、契約図書に従って行われた追加費用や工期延伸処理を、会計法と予決令に基づく会計検査の論理に合わせて内容を組み立て直すといった作業が必要になってきます。

　事例を挙げると、追加費用が必要な事象が年度を挟んで発生した場合です。日本は単年度予算制度を採用しているので、追加費用をそれぞれの年度に振り分けて支払うことが必要となります。しかし、その処理は大変煩雑なものとなります。そこで、発生事象をどちらかの年度に集約して一括処理するといった

方法が取られます。

　こういった場合、口頭で合意し「書面は後付け」とした方が対応し易くなるわけです。諸外国でも年度予算制は変わりませんが、ほとんどの国が当該プロジェクトの完成までに必要とされる総予算を一括して配分するシステムを採用しているのでこういった問題は発生しません。

　第5項の書面主義の実現には、会計法や予決令等の行政システムの再検討という作業が必要になってくるわけです。

3. 建設契約を理解するための基本法的教義

　国際建設契約では契約図書を解釈する上で基本となるいくつかの「法的教義：legal doctrine」というものがあります。これは公共工事標準請負契約約款の条項内容を適切に理解する上でも大切なものとなるので、この項で、その代表的な条項を紹介することにします。

1) 起草者に不利なる解釈：Contra Proferentem

　「起草者に不利なる解釈」はラテン語の「Contra Proferentem」が使用されていますが、英語では「interpretation against the draftsman」という表現になります。

　この法的教義については第3章の18) 第18条（条件変更等）で分析する「設計照査」でも述べるようにしますが、基本的概念は、契約条文に曖昧な部分がある場合、その契約図書を起草した側に不利になるように解釈するというものです。

　公共工事標準請負契約約款では、発注者が設計を行い、仕様を決定し、受注者がこれらの条件に基づき施工だけを総価一式請負契約で行う形を基本として組み立てられています。このため契約図書のほとんどが発注者によって作成されることになり、契約図書は発注者が起草者となるわけです。一方、施工計画書、工程表や請負代金内訳書は受注者が起草者となります。

第2章　建設契約管理基盤の認識

　一般に「金抜き設計書」と呼ばれる「工事数量総括表」は、契約に含まれる工事項目とその工事数量を示した図書であり、共通仕様書では設計図書に含まれるものとしています。従って、「工事数量総括表」に記されていない工事が発生した場合、当該工事は追加工事となり、追加費用と工期延伸の対象となります。

　しかし、発注者が以下のような主張をするケースが見られます。「工事数量総括表」は工事概要を記したもので、「総価一式請負契約」では目的物完成に必要な工事は全て含まれていることになる。従って、「工事数量総括表」に記されていない工事が発生したとしても、追加費用と工期延伸の対象とはならない。こういった主張は「起草者に不利なる解釈」の法的教義に従えば許されないことになります。

　一方、受注者が発注者に提出した「約定工程表」が、大ざっぱであり、各工区の現場の引き渡し要求日が明確に示されていない場合、受注者が想定していた時期に現場の引き渡しがなされないため、追加費用と工期延伸が必要になったとしても、受注者にはこれを請求する権利はないということになります。

2) 提供役務相当額の請求：Quantum Meruit

　この法的教義は「提供した役務に見合った報酬を受ける権利」を述べたもので、ラテン語が使用されていてQuantum Meruitといいます。

　例えば、受注者が発注者の指示書に従って工事を遂行したが、発注者は、工事金額が合意する前に工事を行ったので支払いは拒否するということはできません。受注者は自身が行った仕事量に見合った報酬を受ける権利があり、受発注者間で仕事量に見合った報酬額を協議しなければならいということになります。

3) 妨害原理：Prevention Principle

　この法的教義は、自分の契約不履行に起因した事象によって契約上の利益を享受してはならないというものです。

67

例えば、用地引き渡しや図面発給遅延、追加工事、工事中断等が発生しているにもかかわらず、発注者が工期延長を拒否したり、受注者に遅延損害賠償金を課したりすることは出来ないというものです。

　日本では、こういった事例は公共工事ではあまり見られませんが、民間建築工事等においては、発注者が、自身の責に帰す工事遅延要因が在ることを知っていながら、完成期日を守れなかったとして、受注者に遅延損害賠償金を課す事例はかなり発生しています。

4) 時間無拘束：Time at Large

　この法的教義は、工期延伸の協議に適用されるもので、例えば、発注者の現場引き渡しが大幅に遅れ、受注者が工期延長の権利を有することが明確であるにもかかわらず、発注者が工期延長を行わなかった場合の受注者の対応です。

　この場合、完成工期は拘束条件ではなくなり、解放状態（at large）になっているとして、受注者は、客観的に妥当と思われる期間内に工事を完成すればよいことになります。同時に、完成工期に拘束力がないわけですから、発注者は受注者に対し遅延損害賠償金を課すことはできなくなります。

5) 禁反言の原則：Estoppel

　この法的教義は、端的にいうと、自身が示した事実または約束に反する主張は出来ないというものです。

　以下、建設工事での事例を述べます。

　新たな工事が必要となり、施工方法と金額について受発注者間で協議がなされ、受発注者間で施工方法と金額が合意された。この合意に基づき発注者から受注者に当該工事の実施指示書が出され、受注者が工事を遂行し完了させた。工事が予想以上に迅速に進んだのを見て、発注者は合意した工事金額より安価に出来たはずであるとして工事金額を減額すると主張した。

第2章　建設契約管理基盤の認識

　この発注者の主張は「禁反言の原則」に抵触するものとなり受け入れられません。但し、受注者が当該工事を受発注者間で合意された建設機械を使用せず、別の建設機械を使用し施工した等の場合は、発注者の減額要請は「禁反言の原則」に抵触するものとはならなくなります。

　以上、5つの基本的契約教義について記しましたが、これらは日本の建設産業において、ほとんど認識されていません。現在、契約変更に関するガイドラインが作成され、適用されるようになったわけですが、発注者と受注者がこうした原則を認識した上で公共工事標準請負契約約款を理解していくことが必要であり、そのことによって契約の公平性は格段に高まることになるはずです。

第3章　公共工事標準請負契約約款の分析

第3章　公共工事標準請負契約約款の分析

1. 標準契約約款に関する基礎知識

1）誰が公共工事標準請負契約約款を作成しているのか

　第3章では公共工事標準請負契約約款の条項に関する分析を進めていくことにします。

　まず、公共工事標準請負契約約款は誰が作り維持管理しているのかですが、建設業法の第34条による「中央建設業審議会」がその役割を担っています。この審議会は、第2次世界大戦が終結した4年後の1949年（昭和24年）8月に制定された建設業法に従い設定されたもので、学識経験者、建設工事の需要者（発注者）、建設企業団体（受注者）の代表で構成され、建設工事の需要者と建設企業団体は同数で全体の3分の2以上であってはならないと規定されています。

　以下は建設業法（2014年6月改定）の第34条の第2項に記されている「中央建設業審議会」の役割を記したものです。

> 　中央建設業審議会は、建設工事の標準請負契約約款、入札の参加者の資格に関する基準並びに予定価格を構成する材料費及び役務費以外の諸経費に関する基準を作成し、並びにその実施を勧告することができる。

　このように中央建設業審議会は「公共工事標準請負契約約款」だけでなく、主に民間の大型建築工事に適用される「民間建設工事標準請負契約約款（甲）」、一般住宅工事に適用される「民間建設工事標準請負契約約款（乙）」、そして「建設工事標準下請契約約款」の建設工事に関わる全ての約款

の制定を担う組織となっています。しかし、中央建設業審議会は建設業法に基づくもので主管省が国土交通省であり、庶務担当部局課は建設業課となっていますので、標準契約約款の作成と維持管理の実態は、建設業法を所管する国土交通省が実務を行い、中央建設業審議会がその業務内容を審議する構図となっています。

　受注者側である建設業界から、標準契約約款に片務性があるとか、「請負け」状態は変わらないといった意見も聞かれますが、建設業界は中央建設業審議会の設立当初から委員を送っており、70年近く契約の公正性を確保する立場にいるわけですからこうした嘆きは許されないわけです。

2) 民間工事の標準請負契約約款

　民間工事に携わっている人々のほとんどが、「公共工事標準請負契約約款」を勉強する必要はないと思っています。しかし、「民間建設工事標準請負契約約款」も「建設工事標準下請契約約款」も、「公共工事標準請負契約約款」を原典として作成されており、条項の基本的構成や主要条項の内容は変わらないので、原典をしっかりと学んでおくことが必要となります。又、大型建築工事に適用される「民間建設工事標準請負契約約款（甲）」の第1ページには以下の注記があります。

　　　【注】この約款（甲）は、民間の比較的大きな工事を発注する者
　　　（常時工事を発注する者は、「公共工事標準請負契約約款」（昭
　　　和25年2月21日中央建設業審議会決定）による）と建設業者と
　　　の請負契約についての標準約款である。

　このように民間企業であっても常時工事を発注する発注者は、「公共工事標準請負契約約款」を使用することになっています。常時工事を発注する民間発注者とは、商業施設等の開発を行なっている企業だけでなく、高速道路会社、

私鉄会社、日本旅客鉄道（JR）、電力会社等となります。

　本来、これらの企業は「公共工事標準請負契約約款」を使用しなければならないわけですが、民間開発企業はこの原則に従わず独自の契約約款を作成しています。その他の民間発注企業は「公共工事標準請負契約約款」を基にした契約約款を作成していますが、公共工事標準請負契約約款の条項内容を大きく変更し片務性の高い契約約款を作成している企業もあります。

　このため、民間工事に携わっている人たちは、自身の工事の契約約款を公共工事標準請負契約約款と比較し、改定されている条項の正当性を検証してみることが必要となります。つまり、民間工事に従事する者は、発注者も受注者も原典である公共工事標準請負契約約款の内容を熟知することが不可欠となるわけです。

2. 公共工事標準請負契約約款の条項分析

1) 第1条(総則)

① 第1項　契約の履行
　第1条の第1項は以下の内容となっています。

> 　発注者及び受注者は、この約款（契約書を含む。以下同じ。）に基づき、設計図書（別冊の図面、仕様書、現場説明書及び現場説明に対する質問回答書をいう。以下同じ。）に従い、日本国の法令を遵守し、この契約（この約款及び設計図書を内容とする工事の請負契約をいう。以下同じ。）を履行しなければならない。

　「契約図書」は、第2章2.2）で分析した通り契約内容と範囲を示すものとなりますが、ここでは「現場説明書及び現場説明に対する質問回答書」という記述に

ついて考えてみましょう。

例えば、**図-9**に示したように、建設予定地内に池があり、現場説明会でA社がその深さを発注者に質問したところ、発注者がどの程度の深さかは自身で判断して下さいと返答したとします。この場合、発注者の回答はA社だけではなく全ての入札者に開示されることになります。従って、質問したA社ではなくC社が契約者となった場合でも、C社は池の深さを自身で判断して契約を結んだことになります。もし、池が想定以上に深く、埋立て土工量が増加したとしてもC社には追加費用と工期延伸を請求する権利は有りません。

「現場説明に対する質問回答書」が契約図書に含まれるというのは、こういう意味なのです。この解釈は国際建設契約約款（FIDIC契約約款）においても同じです。

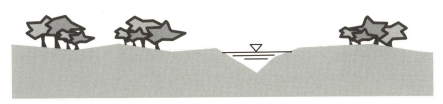

図-9 「現場説明書及び現場説明に対する質問回答書」の事例

② **第2項　契約の原則**

第2項は以下のような記述となっています。

> 受注者は、契約書記載の工事を契約書記載の工期内に完成し、工事目的物を発注者に引き渡すものとし、発注者は、その請負代金を支払うものとする。

このように第2項は、公共工事標準請負契約約款が総価一式請負契約形態を基盤として作られていることを明示しています。民法第632条では「請負は、当

事者の一方がある仕事を完成することを約し、相手方がその仕事の結果に対してその報酬を支払うことを約することによって、その効力を生ずる」としており、民法の「請負」は総価一式請負契約を想定したものとなっています。問題は建設工事契約が民法に述べられた請負の定義で捉え切れるのかということです。

2015年の夏に、横浜市において、集合住宅の基礎杭が支持層に届いていない恐れがあるため、既存の建物を全て取り壊し再度建設するという事件が発生しました。この工事では、元請企業が総価一式請負契約で杭施工企業に工事を請け負わせており、元請企業の現場技術者が、各杭が支持層に到達したかを確認するという管理体制が成されていませんでした。

国土交通省もこの事件を重く見て委員会を設置し、杭工事の品質管理を強化する指針を出しました。しかし、この工事で発生した品質管理体制の不備の原因を掘り下げていくと、元請企業と下請の杭施工企業との間の契約形態が品質欠陥の発生に大きく影響していることが分かってきます。

当該工事は、元請企業が開発企業から設計施工契約で受注し、地質調査結果を基に自身で杭基礎の支持層を推定して、下請企業に総価一式請負契約で杭工事を請け負わせています。

総価一式請負契約で杭工事を行う場合、発注者側の元請企業と受注者側の杭施工企業にどのような意識が生まれてくるかを考えてみましょう。コストを縮減し利益を確保することは企業としての基本ですから、元請企業には支持層を出来るだけ浅い位置に想定し、下請企業と契約するという心理が働きます。

一方、下請企業側は、総価一式請負契約で杭工事を行うということは、実際の支持層が元請企業の想定位置より浅い場合、利益を増加させる方向となるが、想定位置より深い位置に支持層があれば損失を拡大させる方向となるので、出来るだけ浅い位置で杭を仕上げようとする心理が働くことになります。

単価数量精算契約で契約した場合はどうかというと、元請企業から杭施工企業への支払いは実際に施工した杭長に基づいて行われることになりますので、杭施工企業はしっかりと支持層まで施工する心理が生まれてくることになります。元請企業の現場技術者達は出来高査定が必要となるので、自身で杭が支持層

に達しているか否かを検査し、施工杭長を確認しなければならないため、自ずと品質管理体制が整っていくことになります。このように、単価数量精算契約であれば、品質欠陥の発生リスクは格段に低下することになります。

当該工事では、元請企業が杭施工企業へ提示した工事仕様書で杭先端を支持層に陥入させるよう規定し、下請企業へリスクヘッジを試みています。しかし、品質問題の発生リスクが高まる総価一式請負契約という契約方式を選ぶという致命的ミスを犯していたことになります。

この事件から学ばなければならないことは、契約形態は工事の品質管理や生産性を考える上で極めて重要なものとなるということであり、民法の「請負」の捉え方では建設契約は対応できないということが明らかになってきます。

欠陥杭問題に関する議論は中央建設業審議会の公開議事録にも記されており、2015年末に出された「基礎ぐい工事問題に関する対策委員会」の中間報告書でも施工管理体制の強化等が議論されています。しかし、先に述べたような契約形態から見た議論に関する記述はどこにも見当たりません。

問題は、土木工事に比べ、建築工事では、元請企業の多くが総価一式請負契約で下請企業に杭工事を発注しているという実態です。中央建設業審議会が述べるべきことは、杭工事は総価一式請負契約ではなく、単価数量精算契約を基本とすべきということであり、こうした基本策を示していかなければ、杭工事に係わる品質問題の発生は避けられません。

③ 第3項　施工方法
a) 民法の請負契約と建設契約の乖離
総則第1条第3項は施工方法に関するもので以下のような条項となっています。

> 仮設、施工方法その他工事目的物を完成するために必要な一切の手段（以下「施工方法等」という。）については、この約款及び設計図書に特別の定めがある場合を除き、受注者がその責任において定める。

77

この条項に記されているように、施工方法の選定は受注者自身が行うことが基本となっています。公共工事標準請負契約約款は目的物を完成させ引き渡すことを契約の対象とした総価一式請負契約を前提として作られています。従って、発注者から特別の指示がない限り、受注者が自分で施工方法を決めることになるわけです。

契約約款の解説書（P-70）には第3項に関連して以下のような記述があります。

> 民法においては、典型契約の1つとして請負契約が定められており、請負とは、当事者の一方がある仕事を完成することを約し、相手がその仕事の結果に対して報酬を与えることを約するによりその効力を生ずる契約であるとされ、**仕事の完成と報酬の支払いを要素とする契約というにとどまっており、仕事の完成に至る過程での発注者と請負者間の契約関係については定めていない**。ただ、注文者の請負者に対する指図があることは間接的に規定されている。

この記述は民法の請負契約の解釈に沿ったものと考えられますが、仕事の完成に至る過程での発注者と請負者間の契約関係については定めていないというのは、建設工事には適用できる論理ではありません。建設工事は建造物の造られる過程を受注者が発注者に見せ確認をしてもらうという「経過の管理：Process Control」が重要であり、出来上がった状態、つまり「結果の管理」だけでは的確な品質確認を行うことはできません。

このため、受注者は、自身が選択した建造物の建造方法を「施工計画書」として示し、建造過程を工程表として示し、発注者に提出することが必要となります。

しかし、公共工事標準請負契約約款では、この後に分析する第3条（請負代金内訳書及び工程表）で契約額の内訳の「工事内訳書」と、工事遂行の時系列手順を示した「工程表」の提出義務を定めていますが、施工方法を示した「施

工計画書」の提出義務を規定した条項がありません。

　一方、共通仕様書の「施工計画書」の一般事項には「受注者は、工事着手前に工事目的物を完成するために必要な手順や工法等についての施工計画書を監督職員に提出しなければならない」と記されています。さらに「受注者は、施工計画書を遵守し工事の施工に当たらなければならない」と述べています。

　契約約款に条項がなくとも、共通仕様書は契約図書の構成書類となるので、受注者は施工法の通知のみならず、その施工法に従って工事を遂行する義務を負うことになります。

　いずれにしても、自分の家を建てる時、注文した家がどのような工法で作られるのかを知らされず、受注者がどのように作り方を変えてもよいというのはおかしな話であり、第1条第2項の分析で建設契約は民法の請負の捉え方だけでは対応できないと述べましたが、第3項はその顕著な例といえます。

　ちなみに、国際建設契約約款（FIDIC契約約款）では、工事内訳書はもとより、工程表と施工計画書も実質的に契約的拘束力を持つものとして位置付けられています。工事内訳書、工程表、施工計画書の3つの図書は契約内容を特定するために不可欠なものであり、追加費用と工期延伸問題の解決の基盤となるわけですが、そのメカニズムについてはこれから明らかにしていくことにします。

b）「指定仮設」と「任意仮設」

　既に分析したように、施工法は受注者が決定することが原則となっていますが、発注者が計画や設計段階で、施工法を特定する場合があります。例えば、農耕地の近くで工事をする場合などは地下水位を低下させない工法が求められることになり、発注者が工法を特定して入札に付すことがあります。このように契約条件として指定された工法は「指定仮設」と呼ばれ、受注者が決めた工法は「任意仮設」と呼ばれます。

　「指定仮設」は発注者が契約条件として特定した工法ですので、その工法が現場の実態と適合せず変更が必要となった場合、受注者側に工法変更によって生じた追加費用や工期の延伸を請求する権利が発生します。その理由を契

約約款の解説書（P-70）では以下のように述べています。

> …発注者が施工方法の選択について注文をつけることは許されない。このため、契約後に施工方法等の選択について発注者が注文をつける必要が生じた場合は、発注者は、第19条（注：設計変更の条項）の手続きに従って設計図書を変更し、必要な施工方法等の指定をしなければならない。……施工機械の選択も含まれることとなる。

　一方、任意仮設は受注者が諸条件を判断し決定した工法ですから、地質条件の変化や周辺住民の反対等、受注者の責に帰さない契約条件の変更がない限り、工法変更を余儀なくされても受注者側に追加費用や工期の延伸を請求する権利は生まれません。

　問題は発注者が予定価格の算出等で選択した工法を「指定仮設」と明示せず受注者にその適用を強要するケースが多く見られることです。受注者はこういった要求に応じる義務はありません。もし応じた場合、先に述べたような契約条件の変更がない限り、受注者には追加費用や工期延伸を請求する権利はないことを認識しておかなければなりません。

C) 契約約款条項分析の視点

　総則第1条第1項と第2項に述べられている建設契約の基本を分析し、第3項では契約の根幹となる施工法の位置付けを分析しました。ここで契約約款の条項を精読し理解する目的を整理しておきましょう。公共工事標準請負契約約款は、国際建設契約約款（FIDIC契約約款）に比較しても極めて公平で公正な条項内容となっています。

　第2章の「追加費用と工期延伸対応」で述べましたが、取引において最も基本的なことは、提供した物に対し適正な対価が支払われることであり、建設産業では追加費用支払いや工期延伸を適切に行うことが公正、公平、公明性の担保

の根幹となるわけです。従って、発注者も受注者もこの点を意識して条項を読み、自身の義務と権利を把握していくことが求められます。

d) 契約額と追加費用の関係

　発注者が算出する「予定価格」は、想定される条件下で無理なく工事を遂行するために必要な額を定めたものです。このため、予定価格の算出に使用される生産性データ（歩掛り）は過去の工事の標準値が適用され、労務、機械、材料の単価も一般財団法人建設物価調査会が発行している「建設物価」に記載されている価格（市場での標準値）等が使われています。このように、予定価格は標準値であり、限界値ではありません。

　図-10に示したように、2006年に土工協が「改革姿勢と提言」を発表し、実質的に「競争の原理」が動き出す前は、ほとんどの案件が予定価格に極めて近い額で契約されていました。契約金額を予定価格で除した数値を「落札率」と呼んでいますが、ほとんどの案件の落札率は100%に極めて近い数字であったわけです。

　端的にいえば、受注者は限界値で工事を獲得したのではなく、標準値をターゲットとした競争で工事を獲得した状態にあったわけです。このため、施工条件の変化や土地の確保の遅れ等、受注者の責に帰さない理由で工期延伸や追加費用が発生しても、受注者は何とか対応してきたわけです。

　「競争の原理」が動き出した後はどうなったかですが、国土交通省はダンピングといわれた低価格契約を回避するため「低入札価格調査制度」を設けました。一方、地方公共団体では設定価格を下回った入札者を失格とする「最低制限価格制度」といったシステムを作り出しました。

　低入札価格調査基準価格や最低制限価格の設定には一定のルールが設定されていますが、現在、予定価格の75〜92%となっています。こういったルールが設定されたため、現在の受注競争は低入札価格調査基準価格、あるいは最低制限価格を巡る攻防となっています。

　契約金額が標準値の85%程度となれば、予め追加費用対応額を含んだ契約など、とても無理な話です。従って、追加費用が適切に支払われなければ受注

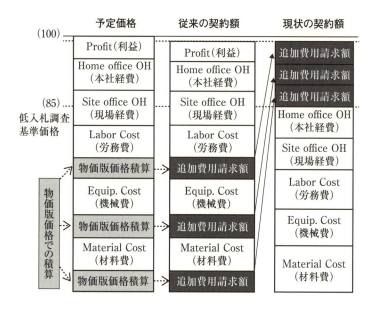

図-10 追加費用積算の単価の構成

者は容易に赤字となるわけです。品確法が改正され「発注者の責務」が大幅に加筆修正されたのはこういった状況を勘案したものであったわけです。

　前にも述べましたが、追加費用や工期延伸の請求を英語ではクレーム：Claim といいます。

　Claimについて英語の辞典では「A demand for something as one's rightful due ; affirmation of a right. 正当な権利に基づく物事の請求,権利の是認。正当な権利に基づく請求」と定義しています。この定義のように追加費用や工期延伸の請求は正当な権利に基づくものでなくてはならないわけです。

　社会における金のやり取りは正当な請求権と、これに対応する支払いの義務によって成立するもので、権利と義務が明確にされないものは「裏取引」ということになります。逆に言えば正当な権利を以て対価を請求することは事業に携わる者の義務であり、その請求に応え対価を支払うことも事業に携わる者の義務となり

第3章　公共工事標準請負契約約款の分析

ます。

　契約約款の精読の目的に話を戻しましょう。目的は発注者と受注者の双方が、何が工事遂行における契約的義務なのか、何が正当な権利なのかを明確に把握する力を付けることであります。これは工事を的確かつ適切に履行するために不可欠なもので、建設事業に携わる者全員が、建設産業の透明性を向上させ、国民の信頼を取り戻すという信念をもって契約約款の条項を読み、掘り下げていくことが求められていると考えなければなりません。

④ 第4項　機密の保持

　第4項は機密の保持を規定したもので、

> 受注者は、この契約の履行に関して知り得た秘密を漏らしてはならない。

と記されています。不思議なのは受注者だけに機密保持義務を課し、発注者にはその義務を課していないことです。

　国際建設契約約款（FIDIC契約約款）の単価数量精算契約約款1・12条の機密保持事項は以下のような内容になっています。

> 受注者及び発注者の担当者は、契約の遵守を確認し、必要とされる全ての機密事項およびその他の情報を開示しなければならない。担当者は契約に定められている義務の遂行あるいは適用される法律の遵守のために必要とされる以外に、契約の詳細を非公開、又は機密事項として扱わなければならない。担当者は、他の当事者が作成したいかなる詳細事項も相手の事前同意なく公表したり公開したりしてはならない。但し、受注者が公的に利用できる情報、あるいは他の工事での競争資格を得るための情報開示は許される。（筆者訳）

83

このように国際建設契約約款（FIDIC契約約款）では受注者と発注者の双方を対象とし、情報の開示義務と機密保持義務が一対になった条項になっています。既に述べましたが、日本の公共工事標準請負契約約款は国際建設契約約款（FIDIC契約約款）等と比べても、遜色のない公正・公平な条項となっているのに、なぜ、受注者だけを機密保持の対象としているのでしょう。

その理由は「契約図書」の構成にあると考えられます。日本の公共工事の「契約図書」は発注者側が作成した図書だけで構成されていて、受注者側の作成した図書が含まれていません。つまり、契約図書に関する機密保持は受注者側だけということになるわけです。

一方、国際建設契約約款（FIDIC契約約款）では、受注者が作成した施工計画書、工程表、工事内訳書等が実質的に契約図書となるので発注者側にも機密保持が求められることになります。

我が国でも契約変更の適正化に伴い、受注者の作成した図書にも契約的拘束力を持たせることが必要になってきています。また、技術提案方式では契約に関連した書類が受注者によって作成されることになります。こういった実態を考えると第4項の再検討が必要となってきます。

尚、第4項の設定理由に関し、契約約款の解説書（P-73）では公共施設の設計・施工情報がテロ組織等に漏れ、安全上、警備上、防衛上大きな問題となるからと述べていますが、この解説は妥当性に欠けます。なぜならば、治安関連情報が発注者側から漏洩しないという保証はないからです。

⑤ 第5項　受発注者間の契約的意思疎通方法
a) 書面による意思疎通の実態

第5項は発注者と受注者間の契約的意思疎通方法を定めたもので、以下の内容となっています。

> この約款に定める請求、通知、報告、申出、承諾及び解除
> は、**書面により行わなければならない。**

第3章　公共工事標準請負契約約款の分析

　このように公共工事標準請負契約約款では受発注者に書面による意思疎通を義務付けています。一方、民間建設工事標準請負契約約款ではどうかというと、大型工事に適用する約款(甲)と一般住宅工事等に適用する約款(乙)があり、共に総則第1条第3項で以下のように規定しています。

　　　この約款の各条項に基づく協議、承諾、通知、指示、請求等
　　　は、この約款に別に定めるもののほか、<u>原則として、書面</u>により
　　　行う。

　このように公共工事と民間工事の標準請負契約約款は共に書面による意思疎通の義務を明確に定めています。しかし現場の実態からするとこの原則が守られているとは言い難い状態にあります。書面による意思疎通が定着しない理由に関しては、第2章第2項の2)で現状の行政システムの抱える問題点を分析しましたが、2014年の改定品確法制定以降、その必要性が明確になってきました。

b)「書面」の定義と書面による意思疎通の実践
　「土木工事共通仕様書」では書面について以下ように定義しています。

　　　書面とは、手書き、印刷物等による工事打合せ簿等の工事帳票
　　　をいい、発行年月日を記載し、署名または押印したものを有効
　　　とする。ただし、<u>情報共有システムを用いて作成及び提出等を
　　　行った工事帳票</u>については、署名または押印がなくても有効とす
　　　る。

　注目すべきはこの記述の後半の文章です。この記述からすると電子メールを用いて提出した工事帳票も「書面」となります。この定義にある「情報共有システム」とは工事遂行のために特別に設定したシステムを意味するもので、一般の情報システムではないと言う意見も聞かれますが、共通仕様書にはそういった定義

85

は書かれていません。

　一方、工事共通仕様書より上位図書となる公共工事標準請負契約約款の第54条（情報通信の技術を利用する方法）には以下のような記述が見られます。

　　　　この約款において書面により行わなければならないこととされている請求、通知、報告、申出、承諾、解除及び指示は、建設業法その他の法令に違反しない限りにおいて、<u>電子情報処理組織を使用する方法その他の情報通信の技術を利用する方法</u>を用いて行うことができる。ただし、当該方法は書面の交付に準ずるものでなければならない。

　これらの状態から判断すると、「土木工事共通仕様書」の述べる「情報共有システム」はインターネット等を含むと理解することができます。

　さて、受注者が現場で発注者側の監督員からある工事遂行を口頭で指示された場合を考えてみましょう。

　受注者は特別な理由がない限り、その指示に従って工事を遂行しなければなりません。しかし、口頭の指示のままで工事を行った場合、契約変更事象が発生しても追加費用と工期延伸の請求権を失うことになります。

　これは国土交通省の出した「設計変更ガイドライン」に設計変更できない例として明快に述べられています。従って受注者は監督員から書面の指示を受け取らなければならないわけですが、先に述べた行政システム上といった理由で監督員が的確に対応しないケースが多くみられます。

　こういった場合、受注者は以下のような方法を取ることが出来ます。受注者は監督員から口頭で指示を受けた場合、その日の内に指示があったことを確認する内容の電子メール（E-mail）を作成し監督員に送っておくことです。

　例えば「本日、○○監督員（氏名を記す）から現場で○○工事を遂行する指示を受けましたので、当該指示に従い○○日から当該工事を開始します」といった内容です。この電子メールに対し監督員側から「そのような指示をした覚えが

ない」という否定メールが届かない限り、当該電子メールは指示事実を明示する書類となり、これは「書面による指示」と同じものとなります。もちろん、この方法は発注者が受注者から受けた口頭要求に対応する場合も同じです。

ここで留意すべきことがあります。それは電子メールの書式です。第54条には「ただし、当該方法は書面の交付に準ずるものでなければならない」と記されています。つまり、送付する電子メールは印刷すれば正式書類となるように作成せよということです。従って、受信者名、発信者名、役職、日付、住所等をしっかり書き込むことが必要となります。こういった事項が記されていないと単なる「メモ」となってしまい、書面に準ずる効力は発揮しません。つまり、「当該方法は書面の交付に準ずるもの」というのは、印刷すれば正式文書になるように電子メールを作成し送信せよということなのです。

建設工事に携わる者として忘れてならないことは、事実を証明する記録が残されていなければ適正な紛争解決は望めないということであり、電子メールの活用は真剣に考えなければなりません。

⑥ 第6項　契約言語

第6項は、「この契約の履行に関して発注者受注者間で用いる言語は、**日本語とする**」と記しており、「契約言語」を日本語と定めています。日本の建設企業であれば、日本語が契約言語となることは当たり前ですが、この条文からすると、WTO政府調達協定の対象案件で国外企業が日本の公共工事の受注者となった場合も日本語が契約言語となるわけです。

⑦第7項　契約通貨

第7項は、「この約款に定める金銭の支払に用いる通貨は、**日本円とする**」としており、円貨以外の支払いは認められないことになります。この条文も日本の建設業であれば当然ですが、WTO政府調達協定の対象案件で国外企業が受注した場合、受注者は為替リスクを負わなければならないことになります。

⑧ **第8項　計量単位**

　第8項は、「この契約の履行に関して発注者受注者間で用いる計量単位は、設計図書に特別の定めがある場合を除き、計量法（平成4年法律第51号）に定めるものとする」としており、実質的にはメートル法が適用されることになります。

⑨ **第9項　期間の定め**

　第9項は「この約款及び設計図書における期間の定めについては、民法（明治29年法律第89号）及び商法（明治32年法律第48号）の定めるところによるものとする」と記されていて、契約約款の解説書（P-77）には以下のような民法と商法に定める期間に関する規定概要が記されています。

　　　1. ○日以内とは、期日の初日は参入せず、期間の末日の終
　　　　了で期間終了する。
　　　2. 期間の末日が休日の場合は、その翌日を持って満了とする。
　　　3. 請求その他の行為は、取引時間内に行わなくてはならない。

　これらの規定から受発注者間のコミュニケーションを考えてみましょう。受注者が発注者に提出した施工計画書に作業時間は8時から18時、土曜日と日曜日は休日と記されていたとします。

　この場合、発注者が金曜日の20時に「3日以内に作業を完了せよ」という指示を出したとすると、その指示は週明けの月曜日に効力を発することなり、作業完了期限は木曜日ということになります。こういった規定を受発注者の双方が正しく認識することが、いま問題になっている建設産業の長時間労働の是正の根幹であると思います。

⑩ **第10項　適用法令**

　第10項は「この契約は、**日本国の法令**に準拠するものとする」としており、準拠法を日本の法律と定めています。

第3章　公共工事標準請負契約約款の分析

⑪ 第11項　専属的管轄裁判所

第11項では「この契約に係る訴訟については、**日本国の裁判所**をもって合意による専属的管轄裁判所とする」としています。この条項は少々分かり難い文章ですが、裁判は日本で行い、裁判所は受注者と発注者が合意することを規定しています。

これらの条項は当然、外国企業にも適用されることなります。

⑫ 第12項　共同企業体

第1条の最終項第12項は共同企業体に関するもので以下の内容となっています。

> 受注者が共同企業体を結成している場合においては、発注者は、この契約に基づくすべての行為を共同企業体の代表者に対して行うものとし、**発注者が当該代表者に対して行ったこの契約に基づくすべての行為は、当該企業体のすべての構成員に対して行ったものと**みなし、また、受注者は、発注者に対して行うこの契約に基づくすべての行為について当該代表者を通じて行わなければならない。

このように条項内容は共同企業体の連帯責任と、代表企業に課される情報管理の透明性を規定したものになっています。代表企業は発注者との意思疎通の全てを企業体構成企業に即刻開示することが求められています。ここで、共同企業体に関し日本と海外との相違点を述べておきたいと思います。

㋐ 数社が共同してプロジェクトに取り組むやり方は、JV（Joint venture）とコンソーシアム（Consortium）の2つに大別されます。日本では共同企業体をJVと言いますが、JVは構成割合に応じで各企業が当該工事に限定して経営資源を拠出する形態であり、日本で「甲型」と呼ばれているものです。
　　一方、構成企業が工区を分け、それぞれが自身の経営資源を使い責任

89

を持って工事を遂行する形態、いわゆる「乙型」の場合はコンソーシアム（Consortium）となります。

④ 海外における共同企業体は、1社ではリスク対応力や工事遂行能力が不足するといった場合に構成されるもので、日本で見られるような大手企業から中小企業への技術移転や、受注配分といった目的や理由で構成されることはありません。

⑦ 日本国内の共同企業体には代表企業が必要とする経費や報酬を構成企業が支払うシステムが見られません。国際工事では、通常、入札時に構成企業が代表企業経費（Leader's Fee：通常、報酬も含み契約額の1%から2%程度）を決定し代表となる企業にその対価を支払う方法が取られています。共同企業体の代表は発注者に対して工事遂行の全責任を負うわけで、その対価は企業体の適切な運営、透明性確保といった面でも不可欠なものとなります。こういった意味から考えると、我が国でも真剣にLeader's Feeの導入を考えるべきと思います。尚、日本では共同企業体の代表企業を「スポンサー：Sponsor」と呼んでいますが、スポンサーの本来の意味は支援者や資金提供者ですので、国際工事では「リーダー：Leader」と言います。

2) 第2条（関連工事の調整）

第2条は追加費用と工期延伸請求問題に適切に対応する上で極めて重要な条項であり、以下の内容となっています。

> 発注者は、受注者の施工する工事及び発注者の発注に係る第三者の施工する他の工事が施工上密接に関連する場合において、必要があるときは、その施工につき、調整を行うものとする。この場合においては、受注者は、発注者の調整に従い、当該第三者の行う工事の円滑な施工に協力しなければならない。

第3章　公共工事標準請負契約約款の分析

　このように現場で発生する組織間の問題調整は、発注者が自身の責任において行うことが規定されていて、受注者は発注者の調整事項に協力する義務を持つことになります。

　しかし現場では、発注者や監督員が受注者に対し「企業者間で調整して欲しい」と要求するケースが多く見られます。こういった場合、受注者が取るべきことを考えてみましょう。

　この要求に応えて受注者が他工区の企業や設計者と、或いは第三者と直接調整を行った場合、追加費用や工期延伸が必要になっても受注者には請求権は担保されません。

　理由は契約変更ガイドラインに記されている「設計図書に条件明示のない事項において、発注者と『協議』を行わず受注者が独自に判断して施工を実施した場合」に該当し、「『承諾』で施工した場合」にも該当することになるからです。

　しかし、発注者側からの「企業者間で調整して欲しい」という要求が「指示」であった場合は異なります。指示に従った調整となるので、受注者側に追加費用や工期延伸の請求権が生まれることになります。留意すべきは指示として確定した場合においても、調整が求められる問題の実態を発注者側に確認してもらっておかなければなりません。又、発注者側からの「指示」も書面によるものでなければなりません。

　この条項の「必要があるときは」という言葉ですが、これは発注者だけでなく、受注者、第三者等、誰かが必要であると認めれば発注者による調整の対象事項となります。

　第2条の条文を読むと、受注者と他の工事者との施工上の調整を発注者が行うことを定めたものと理解されますが、「受注者の施工に影響を及ぼす事象の調整」といった観点から捉えると、他の工事施工者だけでなく、発注者と契約関係にある設計者や機材提供者との調整も含むと理解すべきことになります。

　複雑なのは受注者が設計者と直接調整を行い、設計業務を肩代わりした場合です。受注者は追加費用や工期延伸の請求権を失うだけでなく、設計責任をも負うことになってしまうので、くれぐれも注意し正しい対応が必要です。

91

さて、受注者の責に帰さない事象に関連した当該地域の自治体や警察等との協議、あるいは地域住民からの要求等への対応ですが、これらは問題が顕在化した時点で、前者は第16条の（工事用地の確保）で対応し、後者は第28条の（第三者に及ぼした損害）で対処することになり、いずれも発注者が調整責任を持つことになります。

しかし、こうした事柄も、円滑な工事遂行といった観点からすれば、問題が顕在化した時点ではなく、事前に調整した方がはるかに効率的であり、第2条の条文を修正し、この条項で対処するようにすべきと思います。

3) 第3条(請負代金内訳書及び工程表)

① 第3条(A)と(B)の相違

第3条は追加費用と工期延伸問題を解決する基盤となる極めて重要な条項となりますのでしっかり分析していく必要があります。この条項は(A)と(B)の2種類が用意されています。(A)は以下の内容となっています。

> 第1項：受注者は、設計図書に基づいて請負代金内訳書（以下「内訳書」という。）及び工程表を作成し、発注者に提出し、その<u>承認</u>を受けなければならない。
> 第2項：内訳書には、健康保険、厚生年金保険及び雇用保険に係る法定福利費を明示するものとする。
> 第3項：内訳書及び工程表は、この約款の他の条項において定める場合を除き、発注者及び受注者を拘束するものではない。
> 【注】(A)は、契約の内容に不確定要素の多い契約等に使用する。

第2項は2017年7月末に後述する第7条（下請負人の通知）に下請企業の社会

第3章　公共工事標準請負契約約款の分析

保険等の加入に関する条項として第7条の2が組み込まれ、この改定に伴い追加されたものです。一方、(B)は以下の内容となっています。

第1項：受注者は、この契約締結後〇日以内に設計図書に基づいて、請負代金内訳書(以下「内訳書」という。)及び工程表を作成し、発注者に提出しなければならない。

第2項：内訳書には、健康保険、厚生年金保険及び雇用保険に係る法定福利費を明示するものとする。

第3項：内訳書及び工程表は、発注者及び受注者を拘束するものではない。

(A)と(B)の内容と相違点を整理してみると以下のようになります。

㋐ どちらの条項も基本的考えは内訳書及び工程表には契約的拘束力がないとしている。

㋑ (A)は受注者に請負代金内訳書の提出と共に発注者から承認を得る義務を課しているが(B)は提出義務のみで承認取得義務には言及していない。

㋒ (A)には内訳書と工程表の提出期限設定がないが(B)は期限設定がなされている。

㋓ (B)は発注者が内訳書を求めない場合を想定している。

　条項 (A)と(B)の選択実態を見てみると、国土交通省の各地方整備局の契約約款は(B)がほとんどで、都道府県、市町村、道路や鉄道関連企業等の契約約款も(B)を採用しています。又、市町村の約款は大半が内訳書を求めないものになっています。

　(A)と(B)の選択は注記にあるように「契約内容の不確定要素の量」であり、実施工事の諸条件によるはずなのに、各発注者は(B)のみの契約約款を作成しています。なぜそうなったのかはっきりしません。

93

（A）の「発注者から承認を得る義務」ですが、実は公共工事標準請負契約約款の中で「承認」という言葉が使われているのはこの条項だけで、他の条項は全て「承諾」になっています。「承認」と「承諾」の相違については既に分析しましたが、（A）でわざわざ発注者側に応分の責任を問う「承認」という言葉を使用しているのはなぜでしょう。その理由は後で分析することにします。

②内訳書と工程表に関する理解
　内訳書と工程表は契約履行において極めて重要なのに、なぜ、契約的拘束力を持たせないようにしているのでしょう。契約約款の解説書（P-89）ではその理由を以下のように述べています。

> 　公共工事の請負契約にあっては、通常、総額による請負契約を締結する方法（総価契約）がとられており、単価契約がとられない限り、内訳書に記載された個々の工種ごとの数量、単価は全体として請負代金の中に包含されるものであって、請負代金の総額で請負者が工事を施工すればよいとされている以上、個々の工種ごとの数量、単価等約定することは、かえって誤解を招くばかりか総価主義の考え方に反することになる。

　更に、工程表に関しては、

> 　請負者は、全体の工期内に工事を完成する義務を負うだけで、個々の工種毎にその工種を一定の期日までに完成させる義務を負うものではない。

と記しています。この解説は民法上の総価契約の解釈を基にしているようですが、建設工事の実態が考慮されていません。
　建設工事は数百、数千の作業項目から成り立っており、各作業を自然環境、

第3章　公共工事標準請負契約約款の分析

社会環境、作業環境等の変化に適合させながらバランスよく遂行していかなくてはなりません。従って建設契約には「変更の発生」という前提が不可避となるわけです。

③完備契約と不完備契約

　契約は2つの分野に大別されます。第1分野は、契約する時点で、契約遂行で発生する事態や問題事象が特定可能であり、それらの事柄を勘案して解決方法を契約条項に組み込むことが出来る契約です。第2分野は、契約する時点では発生する事態や問題事象の特定が困難なため、直接的な解決方法を設定することが出来ず、発生事象を確認した上で対応を特定して行くことを契約条項に組み込まざるを得ない形態の契約です。

　国際社会では前者の分野に属す契約を完備契約：Complete contractと呼び、後者の分野の契約は不完備契約（Incomplete contract）と呼んでおり、建設契約は「不完備契約」の典型として認識されています。

　こういった建設契約の特性を踏まえて、国際建設契約約款（FIDIC契約約款）は総価一式請負契約でも、内訳書を契約図書の一部と位置付け、工程表だけでなく施工計画書も実質的に契約的拘束力を持つものとしているのです。

　さて、「完備契約」と「不完備契約」という概念ですが、日本の会計法にはこういった概念が考慮されていません。このため、公共工事標準請負契約約款にも建設工事の実態と合わない条項が生まれてしまうのでしょう。建設契約が不完備契約であると認識すれば第3条を（A）と（B）の2本立てにする必要はなくなるはずです。

　話を、内訳書と工程表の契約的位置付けに戻しましょう。

　留意すべき点は条項（A）の「この約款の他の条項において定める場合を除き」という文言です。この文言によって条項（A）が適用されている場合、内訳書も工程表も実質的に契約的拘束力を持つことになるのです。その論理を事例で検証してみましょう。

　発注者による用地買収が遅れ、受注者側に追加費用と工期延伸が発生した

95

場合、第16条（工事用地の確保等）が適用条項となります。第16条の第1項では「発注者は、工事用地その他設計図書において定められた工事の施工上必要な用地（以下「工事用地等」という。）を受注者が工事の施工上必要とする日（設計図書に特別の定めがあるときは、その定められた日）までに確保しなければならない」と述べています。

　問題は「受注者が工事の施工上必要とする日」の特定と、その妥当性検証の方法です。これを行うには受注者が提出し発注者が承認した工程表（約定工程）による以外に適当な方法はありません。

　追加費用に関しては第24条（請負代金額の変更方法等）が適用され、その第1項には以下の記述が見られます。

　　　…、内訳書に記載のない項目が生じた場合若しくは内訳書によることが不適当な場合で特別な理由がないとき又は内訳書が未だ承認を受けていない場合にあっては変更時の価格を基礎として発注者と受注者とが協議して定め、その他の場合にあっては内訳書記載の単価を基礎として定める。

　この記述で分かるように内訳書は実質的に契約的拘束力を持つことになります。

　では、条項（B）を適用した契約約款ではどうなるのでしょうか。第16条の記述は全く同じで、第24条は「請負代金額の変更については、発注者と受注者とが協議して定める」とのみ記されています。しかし、大半の協議は条項（A）と同じ方法が採用されるため、条項（A）を適用した場合と実質的に変わらないことになります。留意すべきは内訳書に関する記述が削除された約款ですが、この場合も内訳書の提出を禁じているわけではないので、受注者は内訳書を自身で作成し提出しておくことが大切です。

　これまで分析したように、契約管理の実践論からすると、わざわざ内訳書と工程表に契約的拘束力を持たせないとすることは意味がないことが分かってきます。

第3章　公共工事標準請負契約約款の分析

　さて、第3条の第2項は2017年に追加されたことは既に述べましたが、これは、後に述べる「第7条の2」が約款に組み込まれたことによります。第2項は、受注者に健康保険、厚生年金保険及び雇用保険に係る法定福利費を内訳書に明示することを義務付けています。しかし、第3条（A）は第3項で「この約款の他の条項において定める場合を除き、内訳書及び工程表は、発注者及び受注者を拘束するものではない」としており、第2項に定めた事項を記した内訳書そのものの契約的拘束力が曖昧な状態となっています。

　一方、第3条（B）ですが、2017年の改定前までは、現在の第3項（旧第2項）に「発注者が内訳書を必要としない場合は、内訳書に関する部分を削除する」という注記がありました。このため、地方自治体等の多くの発注者が、内訳書の提出を求めない約款を制定していました。2017年の公共工事標準請負契約約款の改定ではこの注記が削除されていますので、内訳書の提出が義務付けられることになったわけです。

　しかしながら、第3条（B）では内訳書そのものの契約的拘束力を完全否定した状態となっていますので第2項は契約的拘束力を持たないものになってしまいます。

　契約約款の改定を行った中央建設業審議会で、第2項を組み込む時、この状態をどのように議論したのかを調査してみる必要がありますが、内訳書に契約的拘束力を持たせ、契約図書の一部とした方が論理的にも分かり易いものになることは明らかです。

④施工計画書の契約的位置付け

　内訳書と工程表の他にもう1つ重要な図書があります。それは「施工計画書」です。

　第3条では施工計画書に関しては何も触れていませんが、既に分析した通り、共通仕様書では受注者に施工計画書の提出を求め、これに従って工事を遂行することを義務付けています。共通仕様書も契約図書の構成図書ですから施工計画書も契約に深く関連してくる図書となります。

97

施工計画書に関連する契約問題事例を考えてみましょう。

大型重機での土砂掘削作業が順調に進められていたが、工事遂行中、現場近くに病院が建設され、騒音や振動で大型重機が使用できなくなり、小型重機に切り替えざるを得なくなったとします。受注者から発注者に提出された施工計画書に大型重機を使用する計画が明記されており、発注者もこれを承諾し工事が進められていた場合、第18条4項の施工条件の変化に該当するとして追加費用と工期延伸の請求が可能になります。

設計変更ガイドラインで任意仮設であっても受注者の責に帰さない理由により施工方法を変更する場合、請負代金の変更となると定めています。上述の事例で問題となるのは、施工計画書に明確な重機使用計画が記されていなかった場合で、発注者は施工方法の変更の有無を確認できないので契約変更は難しいことになります。

施工計画書がなければ工程表は作成出来ず内訳書も作れません。施工計画書は品質管理、時間(工期)管理、コスト管理の根幹となる図書です。従って追加費用と工期延伸問題の論理基盤となるもので契約的位置付けが必要なのです。

これまで内訳書、工程表、施工計画書の契約的位置付けに関する問題を分析してきました。しかし、追加費用と工期延伸問題を解決する上で考えなければならない大きな課題が残されています。

それは受注者が提出する施工計画書、工程表、内訳書の充実度です。日本の建設企業は長い間、契約管理の意識が希薄なままでこれらの書類を作成してきたため、そのほとんどが、自分が実施する内容を示すだけの物であり、自身の契約的権利と義務を明示するといった考えは組み込まれていません。

このため、契約協議の基盤となるレベルに達していません。この実態を早急に改善しなければ、契約に従った公共工事の遂行や管理は実現できないことになります。

第3章　公共工事標準請負契約約款の分析

4）第4条（契約の保証）

　受注者が技術的問題や資金的問題等で工事を遂行出来なくなった場合、発注者は新たな企業を選び工事を完成させなければなりません。第4条は発注者がこのような事態に陥った場合を想定して受注者から保証を取り付けておくことを定めた条項です。

　この条項は（A）金銭的保証を求めるものと、（B）役務的保証を求めるもので構成されています。条項（A）の内容は以下の通りです。

　　　　第1項：受注者は、この契約の締結と同時に、次の各号のいずれかに掲げる保証を付さなければならない。ただし、第5号の場合においては、履行保証保険契約の締結後、直ちにその保険証券を発注者に寄託しなければならない。
　　　　一．契約保証金の納付
　　　　二．契約保証金に代わる担保となる有価証券等の提供
　　　　三．この契約による債務の不履行により生ずる損害金の支払いを保証する銀行又は発注者が確実と認める金融機関等の保証
　　　　四．この契約による債務の履行を保証する公共工事履行保証証券による保証
　　　　五．この契約による債務の不履行により生ずる損害をてん補する履行保証保険契約の締結
　　　　第2項：前項の保証に係る契約保証金の額、保証金額又は保険金額（第四項において「保証の額」という。）は、請負代金額の10分の〇以上としなければならない。
　　　　第3項：第1項の規定により、受注者が同項第2号又は第3号に掲げる保証を付したときは、当該保証は契約保証金に

99

代わる担保の提供として行われたものとし、同項第4号又は第5号に掲げる保証を付したときは、契約保証金の納付を免除する。

第4項：請負代金額の変更があった場合には、保証の額が変更後の請負代金額の10分の〇に達するまで、発注者は、保証の額の増額を請求することができ、受注者は、保証の額の減額を請求することができる。

【注】（A）は、金銭的保証を必要とする場合に使用することとし、〇の部分には、たとえば、1と記入する。

このように、（A）は保険会社や金融機関が保証会社となって再契約等に必要なコストの保証（契約額の10%程度）をするものです。一方、（B）は保証会社が工事の継続と完成を保証（契約額の30%程度の金額を提示）するもので、以下の内容となっています。

第1項：受注者は、この契約の締結と同時に、この契約による債務の履行を保証する公共工事履行保証証券による保証（瑕疵担保特約を付したものに限る。）を付さなければならない。

第2項：前項の場合において、保証金額は、請負代金額の10分の〇以上としなければならない。

第3項：請負代金額の変更があった場合には、保証金額が変更後の請負代金額の10分の〇に達するまで、発注者は、保証金額の増額を請求することができ、受注者は、保証金額の減額を請求することができる。

【注】（B）は、役務的保証を必要とする場合に使用することとし、〇の部分には、たとえば、3と記入する。

第3章　公共工事標準請負契約約款の分析

　日本では長い間、受注者に同規模の企業を指名させ、その企業が工事完成
保証をする「工事完成保証人制度」が適用されてきました。発注者はこの制度
で工事の継続と完成を確実なものにしていたのですが、本来、競争関係にある
企業同士に互恵関係を持たせるシステムは「談合の温床」となるといった理由
で、「工事完成保証人制度」は1990年代中頃に廃止になりました。

　ではなぜ(B)の役務的保証条項を設けているのでしょう。契約約款の解説書
(P-89)では以下のように述べています。

　　　　発注者の体制が不十分な場合や供用開始時期の関係から発注
　　　手続きをやり直す時間がない場合など発注者自らが残工事の発
　　　注を行なうことが困難な場合等には役務的保証が必要となる場
　　　合がある。

　そもそも「工事完成保証人制度」が「談合の温床」となった原因はこういった制
度を必要とした発注者の対応力の低さにあったわけです。つまり、根本的対応策
は発注者の対応力の向上であり、(B)項を設けたことは根本的対応を後回しにし
たことになります。

　諸外国ではコンサルタント企業を活用し、発注関連業務の対応力を維持して
います。日本では会計法等の関連でこういった方策を採用することが困難な状態
にあります。しかし、地方公共団体等の発注能力の向上が期待できなくなってき
ている現実を考えると抜本的改革が必要になっています。

　(B)項は他にも建設契約の根幹に触れる問題を含んでいます。それは保証者
(実質的には工事を継承する企業)に工事遂行を放棄した企業が行った工事部
分の品質責任を負わすとしていることです。これは工事を引き継いだ企業にとっ
ては限度の分からないリスクを負うものとなり、建設業法が述べる「公正な契約」
に則さないものとなります。

　金銭的保証の場合は一旦、契約が解除され新たに契約が成されるため、こ
の責任は発注者が負うことになります。国際建設契約約款(FIDIC契約約款)に

101

も履行保証に関する条項がありますが、役務的保証を求める条文はありません。

5) 第5条（権利義務の譲渡等）

　この条項は受注者の契約的権利と義務を発注者の承諾なく第三者に譲渡、又は承継することを禁じたもので以下の内容となっています。

　　　第1項：受注者は、この契約により生ずる権利又は義務を第三
　　　　　　者に譲渡し、又は承継させてはならない。ただし、あら
　　　　　　かじめ、発注者の承諾を得た場合は、この限りでない。
　　　　　　【注】ただし書の適用については、たとえば、受注者が
　　　　　　工事に係る請負代金債権を担保として資金を借り入れよ
　　　　　　うとする場合（受注者が、「下請セーフティネット債務保
　　　　　　証事業」（平成11年1月28日建設省経振発第8号）又は
　　　　　　「地域建設業経営強化融資制度」（平成20年10月17日
　　　　　　国総建第197号、国総建整第154号）により資金を借り
　　　　　　入れようとする等の場合）が該当する。
　　　第2項：受注者は、工事目的物並びに工事材料（工場製品を含
　　　　　　む。以下同じ。）のうち第13条第2項の規定による検査
　　　　　　に合格したもの及び第37条第3項の規定による部分払
　　　　　　のための確認を受けたものを第三者に譲渡し、貸与
　　　　　　し、又は抵当権その他の担保の目的に供してはならな
　　　　　　い。ただし、あらかじめ、発注者の承諾を得た場合
　　　　　　は、この限りでない。

　第2項では現場に持ち込んだ資材や工場で製作されている資材で監督員の検査を受けた物を第三者への譲渡、貸与、抵当権の担保等に使用してはならないと定めています。

第3章　公共工事標準請負契約約款の分析

国際建設契約約款（FIDIC契約約款）の権利譲渡条項では、受注者だけではなく発注者も契約によって発生する権利と義務を受注者側との事前合意なく譲渡することは出来ないとしています。

6）第6条（一括委任又は一括下請負の禁止）

第6条は以下の内容となっています。

> 受注者は、工事の全部若しくはその主たる部分又は他の部分から独立してその機能を発揮する工作物の工事を一括して第三者に委任し、又は請け負わせてはならない。
> 【注】公共工事の入札及び契約の適正化の促進に関する法律（平成12年法律第127号）の適用を受けない発注者が建設業法施行令（昭和31年政令第273号）第6条の3に規定する工事以外の工事を発注する場合においては、「ただし、あらかじめ、発注者の承諾を得た場合は、この限りではない。」とのただし書を追記することができる。

この条項は建設業法の2014年（平成26年）版の第22条（一括下請負の禁止）及び建設業法施行令第6条の3項と共に読まないと正確に理解することができません。日本の契約約款にはこういったプロセスを経ないと理解できない条項が幾つかあります。

第6条の規定内容は、公共工事では一括委任と一括下請けを全面禁止、民間工事でも共同住宅を新築する工事は禁止、その他の民間工事は発注者の承諾があれば可能ということになります。

契約的に共同企業体という手続きを行わず工事の一部を他企業に任す、いわゆる「裏JV」は明らかに第6条に違反することになります。では、第6条に違反した場合はどうなるのでしょう。契約約款の解説書（P-126）は建設業法第28条（指示

103

及び営業の停止）と第29条（許可取り消し）の対象となると述べています。しかしこれは契約とは別の話で、契約的には約款の第47条（発注者の解除権）の第4項に従い契約違反として契約の解除と共に罰金を科せられることになります。

7) 第7条（下請負人の通知）

第7条は以下の内容となっています。

> 発注者は、受注者に対して、下請負人の商号又は名称その他
> 必要な事項の通知を請求することができる。

納税者への説明責任が伴う公共工事では、受注者がどの様な工事体制を取るか発注者が知っておく必要があり、第7条はそれを考慮している条文です。しかし、日本では「総価一式請負契約は受注者の責任施工が原則であり、責任施工であれば工事遂行方法や工事材料の選択は受注者の自由」といった論理があるため受注者の計画全容が発注者に伝わり難い状態になります。

建設業法には第24条の7（施工体制台帳及び施工体系図の作成等）という条項がありますが、この条項は「施工体制台帳を作成し、工事現場ごとに備え置かなければならない」と記しており、2次、3次下請に関しては1次下請が元請に「通知しなければならない」としています。

法律と約款条項との整合性といった意味でも、施工体制を施工計画書に記して発注者に提出する方が適切であり、確実です。国際建設契約約款（FIDIC契約約款）では、下請企業の選択は発注者の承諾事項（承認事項ではない）としています。

第7条は2017年7月の約款改定前は第1項だけでしたが、約款改定で、以下に示す下請企業の社会保険加入に関する内容の「第7条の2」が追加されました。

第3章　公共工事標準請負契約約款の分析

「第7条の2」

　この条項は建設工事に従事する労働者の40%が社会保険に未加入といった実態を是正するために組み込まれたものです。この項の追加に伴い、第3条に社会保険加入の関係証書を内訳書に明示するという第2項が追加されています。しかし、第3条の分析で述べた通り、第3条の第3項で内訳書そのものの契約的拘束力を否定しており、この条項の位置付けが分かり難い状態になっています。

　建設労働者の社会保険加入状態は下請の階層構造によって把握が難しくなっている実態を捉え、1次下請以降の社会保険加入状態の確認を組み込み、罰則を定めたものとなっており、基本は「社会保険等未加入建設業者」を下請負人としてはならないと定めています。

　違約金の額は受注者と直接下請契約を締結する下請負人（1次下請企業）の場合は、下請契約額の10%であり、1次下請企業以降の場合は下請契約額の5%と定めています。

　一方で、社会保険等未加入の建設業者を下請負人としなければ工事の施工が困難となる場合、その他の特別の事情があると発注者が認める場合は社会保険等未加入建設業者を下請負人とすることができるとしています。

　図-11は、国土交通省の「建設工事標準請負契約約款の改正について　社会保険加入促進に係る改正」という資料に掲載されているものに加筆したものですが、これを参照して分析していくことにします。第7条の2は（A）と（B）があり、大変複雑な条項内容となっていますので、先に条項の分析結果を記すことにします。

　（A）は1次下請を含む全下請企業の社会保険加入を規定したもので、下請企業が社会保険未加入の場合は受注者に対する違約罰として発注者への違約金の支払いを規定しています。

　違約罰については以下の3ケースが条項に示されています。

105

㋐ 下請企業が社会保険未加入の場合、1次下請だけでなく、2次下請以降にも違約罰を課す。この場合、第7条の2(A)第3項(a)を適用する。
㋑ 1次下請企業が社会保険未加入の場合は違約罰を課すが、2次下請以降の下請企業が社会保険未加入の場合は違約罰を課さず、加入指導を実施する。この場合、第7条の2(A)第3項(b)を適用する。
㋒ 下請企業が社会保険未加入の場合、違約罰は課さないが、1次下請以降のいずれの下請企業にも加入指導を実施する。この場合、第7条の2(A)第3項を削除する。

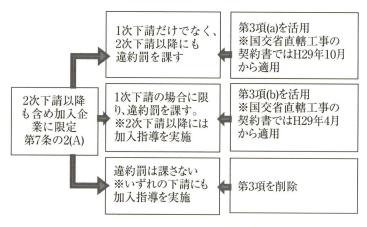

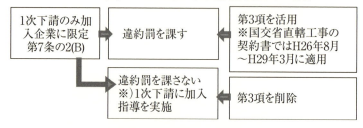

図-11 第7条の2下請企業社会保険未加入罰則

第3章　公共工事標準請負契約約款の分析

　（B）は1次下請企業までの社会保険加入を義務付けたもので、条項で1次下請企業以下の企業については何も触れていません。1次下請企業が社会保険未加入の場合は、受注者に対する違約罰について以下の2ケースが条項に示されています。

　　㋐ 1次下請企業が社会保険未加入の場合、受注者に違約罰を課す。この場合、第7条の2（B）の第3項を適用する。
　　㋑ 1次下請企業が社会保険未加入の場合でも違約罰を課さない。この場合、第7条の2（B）第3項（b）を削除する。

　発注者が認めた場合は社会保険未加入企業を下請企業として使用できるというのも変な話であり、多種で複雑な違約罰の種類を定めた理由は定かではありませんが、全下請企業に社会保険への加入が定着するまでの暫定処置を組み入れたのかも知れません。
　以下は、第7条の2（A）と（B）の全条項ですので、上述の分析内容を念頭に置きながら読んでください。

　　　第7条の2（A）
　　　第1項：受注者は、次の各号に掲げる届出をしていない建設業
　　　　　　　者（建設業法（昭和24年法律第100号）第2条第3項に
　　　　　　　定める建設業者をいい、当該届出の義務がない者を除
　　　　　　　く。以下「社会保険等未加入建設業者」という。）を下
　　　　　　　請負人としてはならない。
　　　　　　一. 健康保険法（大正11年法律第70号）第48条の規定
　　　　　　　　による届出
　　　　　　二. 厚生年金保険法（昭和29年法律第115号）第27条
　　　　　　　　の規定による届出
　　　　　　三. 雇用保険法（昭和49年法律第116号）第7条の規定

107

による届出

第2項：前項の規定にかかわらず、受注者は、次の各号に掲げ
る下請負人の区分に応じて、当該各号に定める場合
は、社会保険等未加入建設業者を下請負人とすること
ができる。

一. 受注者と直接下請契約を締結する下請負人
次のいずれにも該当する場合
イ. 当該社会保険等未加入建設業者を下請負人とし
なければ工事の施工が困難となる場合その他の
特別の事情があると発注者が認める場合
ロ. 発注者の指定する期間内に当該社会保険等未加
入建設業者が前項各号に掲げる届出をし、当該
事実を確認することのできる書類（以下「確認書
類」という。）を、受注者が発注者に提出した場合

二. 前号に掲げる下請負人以外の下請負人
次のいずれかに該当する場合
イ.当該社会保険等未加入建設業者を下請負人とし
なければ工事の施工が困難となる場合その他の
特別の事情があると発注者が認める場合
ロ. 発注者が受注者に対して確認書類の提出を求め
る通知をした日から〇日（発注者が、受注者にお
いて確認書類を当該期間内に提出することができ
ない相当の理由があると認め、当該期間を延長
したときは、その延長後の期間）以内に、受注者
が当該確認書類を発注者に提出した場合
注：〇の部分には、たとえば、30と記入する。

第3項（a）：受注者は、次の各号に掲げる場合は、発注者の請
求に基づき、違約罰として、当該各号に定める額

を発注者の指定する期間内に支払わなければなら
ない。

一．社会保険等未加入建設業者が前項第1号に掲
　　げる下請負人である場合において、同号イに
　　定める特別の事情があると認められなかったと
　　き又は受注者が同号ロに定める期間内に確認
　　書類を提出しなかったとき

　　　受注者が当該社会保険等未加入建設業者
　　と締結した下請契約の最終の請負代金額の10
　　分の〇に相当する額

二．社会保険等未加入建設業者が前項第2号に掲
　　げる下請負人である場合において、同号イに
　　定める特別の事情があると認められず、か
　　つ、受注者が同号ロに定める期間内に確認書
　　類を提出しなかったとき

　　　当該社会保険等未加入建設業者がその注
　　文者と締結した下請契約の最終の請負代金額
　　の100分の〇に相当する額

第3項（b）：受注者は、社会保険等未加入建設業者が前項第1
　　　　　号に掲げる下請負人である場合において、同号イ
　　　　　に定める特別の事情があると認められなかったとき
　　　　　又は同号ロに定める期間内に確認書類を提出しな
　　　　　かったときは、発注者の請求に基づき、違約罰とし
　　　　　て、受注者が当該社会保険等未加入建設業者と
　　　　　締結した下請契約の最終の請負代金額の10分の〇
　　　　　に相当する額を、発注者の指定する期間内に支払
　　　　　わなければならない。

　　　　　注：「10分の〇」の〇の部分には、たとえば、1と

記入する。「100分の〇」の〇の部分には、たとえ
ば、5と記入する。
　（A）は、すべての下請負人を社会保険等加入建設
業者に限定する場合に使用する。違約罰を課す場
合は、（a）又は（b）を選択して使用し、課さない場
合は、第3項を削除する。

第7条の2（B）

第1項：受注者は、次の各号に掲げる届出をしていない建設業
　　　　者（建設業法（昭和24年法律第100号）第2条第3項に
　　　　定める建設業者をいい、当該届出の義務がない者を除
　　　　く。以下「社会保険等未加入建設業者」という。）を下
　　　　請契約（受注者が直接締結する下請契約に限る。以下
　　　　この条において同じ。）の相手方としてはならない。
　　　　一. 健康保険法（大正11年法律第70号）第48条の規定
　　　　　　による届出
　　　　二. 厚生年金保険法（昭和29年法律第115号）第27条
　　　　　　の規定による届出
　　　　三. 雇用保険法（昭和49年法律第116号）第七条の規
　　　　　　定による届出

第2項：前項の規定にかかわらず、受注者は、当該建設業者と
　　　　下請契約を締結しなければ工事の施工が困難となる場
　　　　合その他の特別の事情があると発注者が認める場合
　　　　は、社会保険等未加入建設業者を下請契約の相手方
　　　　とすることができる。この場合において、受注者は、発
　　　　注者の指定する期間内に、当該社会保険等未加入建
　　　　設業者が前項各号に掲げる届出をし、当該事実を確認
　　　　することのできる書類（以下「確認書類」という。）を発

注者に提出しなければならない。

第3項：受注者は、前項に定める特別の事情があると認められ
なかった場合又は同項に定める期間内に確認書類を提
出しなかった場合は、発注者の請求に基づき、違約罰
として、受注者が当該社会保険等未加入建設業者と締
結した下請契約の最終の請負代金の額の10分の〇に
相当する額を、発注者の指定する期間内に支払わなけ
ればならない。

注：〇の部分には、たとえば、1と記入する。

（B）は、下請契約の相手方のみを社会保険等加入建
設業者に限定する場合に使用する。違約罰を課さない
場合は、第3項を削除する。

8) 第8条（特許権等の使用）

第8条は以下の通りです。

受注者は、特許権、実用新案権、意匠権、商標権その他日本
国の法令に基づき保護される第三者の権利（以下「特許権等」
という。）の対象となっている工事材料、施工方法等を使用する
ときは、その使用に関する一切の責任を負わなければならない。
ただし、発注者がその工事材料、施工方法等を指定した場合に
おいて、設計図書に特許権等の対象である旨の明示がなく、か
つ、受注者がその存在を知らなかったときは、発注者は、受注
者がその使用に関して要した費用を負担しなければならない。

基本的に特許権の絡む物品や施工法に関する使用責任と費用は受注者が負
うものとなるので、受注者は特許権の設定有無を調べ、入札金額に反映するこ

とが求められます。

尚、「受注者がその存在を知らなかったとき」という文章ですが、受注者は「知らなかった」と主張し、発注者は「受注者はその存在を知っていたはず」と主張した場合、どのような解決プロセスが求められるのかを考えてみましょう。

この場合、受注者が「特許等の存在を知らなかった」という証明義務を負うのではなく、発注者が「受注者はその存在を知っていた」という証明義務を負うことになります。従って、発注者が「受注者はその存在を知っていた」という証明をできない場合、発注者は特許等に係わる費用を負担しなければなりません。

上述の証明義務に関する論理は、紛争解決における基本であり、他の条項における紛争にも適用されることになります。

9) 第9条(監督員)

第9条は発注者の監督員の権限と責任に関して規定した条項で、6つの副条項で構成されていますので、各項ごとに分析していきましょう。

第1項は監督員の氏名の通知義務を規定したもので、以下の内容となっています。

> 発注者は、監督員を置いたときは、その氏名を受注者に通知し
> なければならない。監督員を変更したときも同様とする。

このように、発注者は監督員の氏名を受注者に通知する義務を定めています。注意すべきは、この項に示されているように、公共工事標準請負契約約款では発注者と監督員は同一人格ではなく、別人格として扱っているということです。発注者と監督員の権限範囲については次項で詳しく分析することにします。

第2項は発注者によって指名された監督員の権限を規定した条項で、以下の内容となっています。

112

第3章　公共工事標準請負契約約款の分析

　　監督員は、この約款の他の条項に定めるもの及びこの約款に基
　づく発注者の権限とされる事項のうち発注者が必要と認めて監
　督員に委任したもののほか、設計図書に定めるところにより、次
　に掲げる権限を有する。
　一．この契約の履行についての受注者又は受注者の現場代理人
　　　に対する指示、承諾又は協議
　二．設計図書に基づく工事の施工のための詳細図等の作成及
　　　び交付又は受注者が作成した詳細図等の承諾
　三．設計図書に基づく工程の管理、立会い、工事の施工状況
　　　の検査又は工事材料の試験若しくは検査（確認を含む。）

　この条項を見ると、監督員は受注者に対する指示、承諾、協議、監理、検
査といった幅広い権限を持っていることになります。しかし、監督員には追加費
用や工期変更に関しての協議権限がありません。このことは発注者側の人々は
熟知していますが、約款のどの条項にも記されていないため、ほとんどの受注者
が認知していません。

①発注者と監督員の権限範囲
　日々、工事の遂行に関して、受注者に指示、承諾、協議、監理、検査等の
コストと時間に深く関係する業務権限を持つ監督員に、なぜ、追加費用や工期
変更に関する協議権限がないのでしょう。それは会計法で追加費用や工期変更
に関する協議は発注者が行うように定めているからです。
　監督員は工事遂行に関する発注者の代行権限を与えられていますが、会計
法第29条で契約業務に関する権限は「契約担当官」が持つと定めており、この
ため監督員には請負代金や工期の変更に関する協議権限がないということになり
ます。又、竣工検査、部分引渡し検査、部分払い検査等も、予算決算及び
会計令第101条7項（監督の職務と検査の職務の兼職禁止）により監督員の権
限外となります。

113

国土交通省では工事事務所長を総括監督員、出張所長を主任監督員としていますので、特別な任命がない限り、こうした役職の人々にも追加費用と工期延伸の協議や竣工検査等の権限がないということになります。

　地方公共団体の事業の場合はどうかというと、地方自治法に会計法と同様な規定が定められており、監督員の権限は上述の範囲とほぼ同じ状態になります。

　問題は、先に述べたように、監督員は受注者に対し指示、承諾、協議、監理、検査等の権限を持ち業務を遂行するわけで、受注者にとっては追加費用と工期延伸の権限を持たない者から指示や承諾を受けることになります。これは公共工事標準請負契約約款の最大の問題点といえます。

　国際建設契約約款（FIDIC契約約款）では、監督員の役割は発注者とは別組織の第三者であるコンサルタント（The Engineerという名称）が担う構造となっており、監督員は追加費用と工期延伸に関わる協議権限を持つ者となっています。

　公共工事標準請負契約約款で述べる「発注者」とは、契約書に発注者として記された者を指すことになります。国土交通省の地方整備局の工事の契約書では、発注者の欄に地方整備局長の名前が記され押印がなされており、都道府県の工事の契約書では、ほとんどの場合、発注者欄に知事名が記され押印がなされています。しかし、地方整備局長や知事は他にも多くの業務を行わなければならない立場にあり、直接的に工事の契約に関わることはできませんので、自身の契約的業務を代理する者を任命することになります。

　発注者から代理者に関する連絡がない場合、受注者は契約と同時に、書面で、発注者に対して代理者となる者の氏名と連絡先を確認しておくことが必要です。この手続きは当該工事の契約管理において極めて重要であり、受注者にとっては必須条件となります。

②　「発注者」と「支出負担行為担当官」及び「契約担当官」

　国土交通省の地方整備局の工事の契約書では、発注者である地方整備局長名の前に「支出負担行為担当官」という文言が記されています。この意味を整

第3章　公共工事標準請負契約約款の分析

理しておきましょう。

　「発注者」は公共工事標準請負契約約款で使用されている用語であり、会計法には「発注者」という言葉はありません。会計法では契約に関連する業務を行う者として「支出負担行為担当官」と「契約担当官」といった用語が使用されています。

　「支出負担行為担当官」と「契約担当官」の相違ですが、前者は会計法の第10条に記された業務を担うことになり、第10条は以下の内容になっています。

　　　各省各庁の長は、その所掌に係る支出負担行為（財政法第34
　　　条の2第1項 に規定する支出負担行為をいう。以下同じ。）及び
　　　支出に関する事務を管理する。

　このように「支出負担行為担当官」は財政法に従った予算の支出管理を担うことになります。一方、「契約担当官」とは会計法の第29条に記された業務を担うことになり、会計法第29条の2第1項は以下の内容になっています。

　　　各省各庁の長は、第10条の規定によるほか、その所掌に係る
　　　売買、貸借、請負その他の契約に関する事務を管理する。

　この記述からすると、各省各庁の長は「支出負担行為担当官」と「契約担当官」の2つの業務を担うことになり、発注者側はこの2つの役職が契約に関わることになります。「契約担当官」の役割について第29条の2第1項から第3項で以下のように述べています。

　　　第1項：各省各庁の長は、政令の定めるところにより、当該各
　　　　　　　省各庁所属の職員に前条の契約に関する事務を委任す
　　　　　　　ることができる。
　　　第2項：各省各庁の長は、必要があるときは、政令の定めるとこ

115

ろにより、他の各省各庁所属の職員に前項の事務を委
任することができる。

第3項：各省各庁の長は、必要があるときは、政令の定めるとこ
ろにより、当該各省各庁所属の職員又は他の各省各庁
所属の職員に、契約担当官（各省各庁の長又は第一項
若しくは前項の規定により委任された職員をいう。以下
同じ。）の事務の一部を分掌させることができる。

さらに、同条第5項では以下のように述べています。

第3項の規定により契約担当官の事務の一部を分掌する職員
は、分任契約担当官という。

このように、各省各庁の長が自省庁、或いは他の省庁の職員に、発注者とし
ての権限と責務を委任することが出来るとしています。しかし、誰が発注者とし
ての役割、つまり、権限と責任を果たすのかが分かり難い状態となっています。

いずれにしても、「支出負担行為担当官」や「契約担当官」といった役割も、
又、各省庁の長が行う契約に関わる権限委任も、公的機関を羈束する法律に
定められたものです。従って、発注者は民間企業との契約において、誰が発注
者としての役割を担うのかを明確に伝えることが必要となります。

第3項は以下の内容となっています。

発注者は、2名以上の監督員を置き、前項の権限を分担させた
ときにあってはそれぞれの監督員の有する権限の内容を、監督
員にこの約款に基づく発注者の権限の一部を委任したときにあっ
ては当該委任した権限の内容を、受注者に通知しなければなら
ない。

第3章　公共工事標準請負契約約款の分析

　この条項は発注者側の現場での監理・監督体制の権限と責任を明らかにすることを定めています。国土交通省の土木工事共通仕様書では、総括監督員、主任監督員、監督員といった区分をしており、第3項は誰がどの役職に就くか、あるいは土木工事共通仕様書に記されていない各監督員の権限分担がある場合、発注者がこれらを受注者に通知することになります。

　国際建設プロジェクトでは、通常、発注者側の監督員として、工事監理技術者（Engineer）と工事検査員（Inspector）が常駐します。工事検査員は、受注者が行っている仕事が図面や仕様書に記された通り行われているかをチェックする役割を担うだけで、図面や仕様書が明確でないといった問題は工事監理技術者（Engineer）が対応します。

　第4項は「第2項の規定に基づく監督員の指示又は承諾は、原則として、書面により行わなければならない」としており、第1条第5項で規定した書面による意思疎通を再度、監督員に課しています。

　第5項は受発注者間の図書のやり取りを定めた条項で以下の内容となっています。

　　　発注者が監督員を置いたときは、この約款に定める請求、通
　　知、報告、申出、承諾及び解除については、設計図書に定め
　　るものを除き、監督員を経由して行うものとする。この場合にお
　　いては、監督員に到達した日をもって発注者に到達したものとみ
　　なす。

　このように、受注者から発注者に提出される書類は全て監督員を経由して行なわれることになります。問題は、監督員が受注者から提出される書類の受領を拒否したり、書類の訂正を求めたりするケースが見られることです。

　こういった問題に関し、契約約款の解説書（P-140）では以下のように述べています。

117

……監督員を経由して発注者に送達することとしている。これは、円滑で適正な施工確保のためには、監督員が発注者と受注者の間に何が発生しているかを把握しておく必要があるからである。したがって、監督員は発注者に提出されたこれらの書面等に自ら対処することはできないことはもちろん、書面等を修正することもできない。また、受注者が監督員に提出しようとしても監督員が受領しようとしない場合には、受注者は、発注者に直接提出することができる。

　つまり、監督員には受注者から発注者に提出される書類の受領を拒否することや、修正を求める権利はないのです。

　これは監督員自身に提出される書類においても同様となります。では、監督員が受注者から提出された書類を拒否したい、あるいは修正を求めたいと感じた場合はどうしたらよいのでしょう。監督員は、書類の受け取りを拒否するのではなく、書類を受け取った上で、その書類の内容を拒否する、あるいは修正を求める書類を受注者に提示することになります。

　そもそも、契約において、相手の当事者から提出された書簡の受け取りを拒否するという行為は許されません。上述のように契約管理においては相手の権利を阻害せず、自身の権利を行使する対応が必要となります。

　監督員による書類の受領拒否等によって工事が遅延した場合どうなるかですが、追加費用と工期延伸の権利が、受注者側に発生することになります。国際工事では日本のコンサルタントがこの原則を知らず、受注者の権利を拡大させてしまうケースや、日本の建設企業が現地の下請企業から追加費用や工期延伸を請求されるケースが多く見られます。

　第6項は「発注者が監督員を置かないときは、この約款に定める監督員の権限は、発注者に帰属する」としています。

第3章　公共工事標準請負契約約款の分析

10）第10条（現場代理人及び主任技術者等）

　第10条は受注者の現場管理要員とその権限に関して定めた条項です。
　第1項は、現場代理人、主任技術者、又は監理技術者、専門技術者等の
現場への配置を定めており、以下の内容となっています。

　　　　受注者は、次の各号に掲げる者を定めて工事現場に設置し、
　　　設計図書に定めるところにより、その氏名その他必要な事項を
　　　発注者に通知しなければならない。これらの者を変更したときも
　　　同様とする。
　　　一. 現場代理人
　　　二.（A）　　［ ］主任技術者
　　　　　（B）　　［ ］監理技術者
　　　三. 専門技術者（建設業法第26条の2に規定する技術者をい
　　　　　う。以下同じ。）
　　　【注】（B）は、建設業法第26条第2項の規定に該当する場合に、
　　　（A）は、それ以外の場合に使用する。
　　　［ ］の部分には、同法第26条第3項の工事の場合に「専任の」の
　　　字句を記入する。

この項については特に分析は必要ないと思います。

　第2項は現場代理人の責任と権限を規定したもので、以下の内容となっていま
す。

　　　　現場代理人は、この契約の履行に関し、工事現場に常駐し、そ
　　　の運営、取締りを行うほか、請負代金額の変更、請負代金の
　　　請求及び受領、第12条第1項の請求の受理、同条第3項の決

119

定及び通知並びにこの契約の解除に係る権限を除き、この契約
　　に基づく受注者の一切の権限を行使することができる。

　この条項は中間部分をしっかりと読まなければなりません。現場代理人は受注者の有する全ての権限を代行できるかのような記述ですが、よく読むと現場代理人には請負代金の請求や受領、変更を行う権限がないと定めています。

　第12条は現場代理人等の不適合を是正する条項ですので、当事者となる現場代理人を権限外とすることは分かります。又、契約の解除は発注者と受注者にとって根幹的問題ですので権限外としてもおかしくはありません。しかし、請負代金額の請求、受領、変更を権限外としたのは理解に苦しみます。なぜ、このように現場代理人の権限を限定する条項としたのかですが、考えられるのは監督員の権限設定に合わせたということです。しかし、これではコストと時間に関する権限を持たない者同士が工事を遂行するということになります。

　さらに述べると、請負代金額の請求、受領、変更の権限を持たないということは、「契約的権限を持たない」と同じ意義になるということです。技術とは「品質、コスト、時間の最適均衡」であり、コストと時間を考慮しなくてもよいでは事業にはなりません。他の国々に比較し、日本の建設産業に携わる人々の契約管理能力が低いのは誰もが承知していることで、海外事業展開の根幹的問題となっています。

　海外プロジェクトでの日本企業の契約管理能力の問題を見ていると、根幹は発注者からの支払いを確実に確保していくという現場代理人の意識の低さです。その要因はこの条項にあるのではと思われます。

　監督員の権限は会計法の制約があり、その拡大は困難であることは理解できます。しかし、現場代理人に請負代金の請求や受領、変更を行う権限を与えるか否かは受注者の自由であるはずです。従って、受注者が現場代理人に委任する権利の拡大を発注者に通知すればよいことになります。この点については第4項の分析でその対策を述べることにします。

第3章　公共工事標準請負契約約款の分析

第3項は以下の内容となっています。

> 発注者は、前項の規定にかかわらず、現場代理人の工事現場における運営、取締り及び権限の行使に支障がなく、かつ、発注者との連絡体制が確保されると認めた場合には、現場代理人について工事現場における常駐を要しないこととすることができる。

この項は現場代理人の工事現場常駐に関する条項ですが、2010年の約款改定で常駐義務の緩和措置が書き加えられました。この改定に対しては、事前検討委員会が設置され、筆者が座長に招聘され種々議論を行いました。常駐義務緩和は、現場代理人を1工事に限定してしまうと、工事量の増加に対応出来ない、また、次期現場代理人の人材育成が難しくなるという問題に対応するものです。

第4項は受注者が現場代理人の権限を制限する条項で以下の内容となっています。

> 受注者は、第2項の規定にかかわらず、自己の有する権限のうち現場代理人に委任せず自ら行使しようとするものがあるときは、あらかじめ、当該権限の内容を発注者に通知しなければならない。

この条項は、受注者が第2項に記された現場代理人の権限を狭めようとする場合に適用される内容となっています。しかし、第2項で、請負代金額の変更、請負代金の請求及び受領、契約の解除に係る権限を削除しているわけですから、更に権限を狭めたら現場代理人は契約に関する権限をほとんど持たない者になります。

そもそも現場代理人を置く理由は、受注者側の現場での迅速な対応です。この原理からすると第4項は契約の本質に逆行するものとなります。

対処策は、この条項を逆説的に解釈することです。第4項は現場代理人の権限縮小は述べていますが、権限の拡大は出来ないとは述べていません。権限の制限が出来るということは、権限の拡大も可能という論理が成り立ちます。この論理に基づき、受注者は現場代理人に請負代金の請求や受領、変更を行う権限を与えるとすることを発注者に通知し、現場代理人の契約的交渉範囲を広げることが可能となります。

　国際建設契約約款（FIDIC契約約款）では、現場代理人の権限を（4.3 Contractor's Representative　受注者の代理人）という条項で以下のように定めています。

　　　The Contractor shall appoint the Contractor's Representative
　　　and shall give him all authority necessary to act on the
　　　Contractor's behalf under the Contract.
　　　受注者は、受注者の代理人を任命し、契約に基づき受注者の
　　　代理として行動するために必要な全ての権限を代理人に与えな
　　　ければならない。（注：筆者訳）

　この条項に従い。受注者は現場代理人に全権を与える委任状（Power of attorney）を発注者に提出することが義務付けられます。

　第5項は以下のように定めています。

　　　現場代理人、主任技術者（監理技術者）及び専門技術者は、こ
　　　れを兼ねることができる。

　このように、現場代理人、監理技術者、主任技術者や専門技術者等の兼任を容認する内容となっていますが、現場代理人は技術者とすると定めていませんので、事務系の人間でも現場代理人に就くことができます。しかし、この場合は

技術者でないので、監理技術者といった職を兼務することはできません。

　他の先進国では事務職が現場代理人となるケースも見られます。特に、煩雑な調達や諸手続き、難しい地元対策等が求められるプロジェクトでは、これらの作業が軌道に乗るまで、事務職が現場代理人となります。日本の建設産業では技術主導の概念が根強くあり、事務系の人材は支援業務に廻っていますが、多様化する事業環境に対応するためには事務系人材を主戦力として活用する取り組みが必要となってきます。

11）第11条（履行報告）

　第11条は短い条文で、

　　　受注者は、設計図書に定めるところにより、契約の履行について発注者に報告しなければならない。

と記されています。この条項に記されている「報告」に関する定義ですが、土木工事共通仕様書では以下のように定義しています。

　　　報告とは、受注者が監督職員に対し、工事の状況または結果について書面により知らせることをいう。

　注意すべきは、共通仕様書では受注者が報告する相手は「監督職員」ですが、第11条では報告の相手は「発注者」となっていることです。

　このように、契約約款と共通仕様書は共に契約図書でありながら整合性が取れていない箇所がかなりあり、総合的な見直し作業を行わなければならない状態にあります。

　さて、第11条ですが、この条項は日々、業務を共にしている監督員ではなく発注者への報告義務を受注者に課した条項です。発注者は通常、現場に常駐

123

していませんので、第11条に基づく報告は、現場で発生している施工問題や契約関連問題を克明に述べたものが要求されていることになります。

　この報告を月報の形で行えば、契約問題の重要な記録を時系列的に残すことが可能となります。このように第11条は契約管理上極めて重要な条項となります。

　国際建設契約約款（FIDIC契約約款）にも「進捗報告書（4.21 Progress Reports）」という条項があり、この条項では受注者に対し、毎月、追加費用や工期延伸請求の状態や、契約通りの完成が危うくなるような事態や状況を詳細に報告するよう求めています。

12) 第12条（工事関係者に関する措置請求）

　第12条は工事遂行に携わる受注者と発注者の要員の不適合是正を定めた条項です。第1項では以下のように定めています。

> 発注者は、現場代理人がその職務（主任技術者（監理技術者）又は専門技術者と兼任する現場代理人にあっては、それらの者の職務を含む。）の**執行につき著しく不適当**と認められるときは、受注者に対して、その理由を明示した書面により、必要な措置をとるべきことを請求することができる。

　このように発注者は現場代理人に問題がある場合、是正を求めることが出来ますが、監督員にはその権限がありません。

　第2項は以下の内容になっています。

> 発注者又は監督員は、主任技術者（監理技術者）、専門技術者（これらの者と現場代理人を兼任する者を除く。）その他受注者が工事を施工するために使用している下請負人、労働者等で工事の施工又は管理につき著しく不適当と認められるものがあるとき

は、受注者に対して、その理由を明示した書面により、必要な
　　措置をとるべきことを請求することができる。

　第2項は現場代理人以外の職員や現場の労働者の不適合是正を求めるもの
となっており、主語が「発注者又は監督員」となっていますので監督員にも是正
要求権があることになります。
　この条項を理解する上で重要なことは以下の2点となります。

　㋐　是正要求は理由を明示した書面によるものであり、明確な理由が記されて
　　いない場合や口頭の要求は効力を発しない。
　㋑　是正要求の理由の「著しく不適当」という意味は「客観的に見て工事の適
　　切な遂行を妨げる場合」を意味する。

　このように、要員の不適合の是正は感情を排除し冷静な判断が求められること
になります。
　第3項は是正処置に関して記したもので、以下の内容です。

　　受注者は、前2項の規定による請求があったときは、当該請求
　　に係る事項について決定し、その結果を、請求を受けた日から
　　10日以内に発注者に通知しなければならない。

　第4項は逆に受注者が発注者側の監督員の不適合是正を求める条項で、以
下のように記されています。

　　受注者は、監督員がその職務の執行につき著しく不適当と認め
　　られるときは、発注者に対して、その理由を明示した書面によ
　　り、必要な措置をとるべきことを請求することができる。

第5項は第3項と同様の内容で、

> 発注者は、前項の規定による請求があったときは、当該請求に係る事項について決定し、その結果を請求を受けた日から10日以内に受注者に通知しなければならない。

としており、発注者は10日以内に受注者に是正策を示すことが定められています。

さて、第4項にある「監督員がその職務の執行につき著しく不適当」という意味ですが、暴言や恫喝といったパワーハラスメントに該当する行動もその範疇となり得ますが、基本的には、必要な立会検査に来ないとか、的確に指示を出さないため工事遂行に支障が発生しているといったケースが該当します。

以上、第12条は工事遂行人材の不適合是正に関したものですが、本来の制定目的は受発注者に適正な人材配置を求めた条項と理解すべきでしょう。

13) 第13条(工事材料の品質及び検査等)

この条項は検査の方法を定めたもので、第1項は以下の内容となっています。

> 工事材料の品質については、設計図書に定めるところによる。設計図書にその品質が明示されていない場合にあっては、中等の品質を有するものとする。

この条項で述べる「中等の品質を有するもの」という表現ですが、契約約款の解説書(P-154)では以下のように説明しています。

> ……中等のものという趣旨は、下等なものの使用を禁ずるものであって、上等なものを使用することは、工事目的物の全体の

調和を破壊しない限りこれを拒むものではないと解するべきであ
ろう。

　この解説は適切とはいえません。なぜならば、建設工事における資機材決定
実態の考察が欠けているからです。設計図書に品質が明示されていない場合と
は、追加された工事に使用する材料ではなく、原契約の範囲にある工事に使用
する材料ということになります。この場合、受注者は入札時において当該材料の
品質を想定していたことになります。そうでなければ入札金額が決められないから
です。入札額の積算において、受注者がわざわざ高品質、つまり高額な材料
を選択することはなく、工事目的物全体の品質を考え、最低必要限度の材料を
選ぶことは必然です。
　一方、発注者側ですが、公共工事標準請負契約約款は発注者が設計し、
仕様書を作成する契約を前提にしており、設計図書に使用材料の品質が明示さ
れていないことによる問題は、契約的に見ると発注者に帰責するものとなります。
では、発注者が当該材料の品質を決めていたとすればどうするかです。発注者
は工事目的物全体の品質調和を考慮して使用材料を決定したはずであり、その
箇所の材料だけ高品質のものを選ぶことは考えられません。
　つまり、中等の品質を使用するという意味は、上述の受注者側と発注者側の
2つの材料選定論理に従って使用材料を決定するということなのです。さらに言
えば、品質の明示の無い場合でも、受注者は選択した材料を発注者に示し承
諾を得なければなりません。この実態からすると、中等の品質を使用するという
記述は、むしろ、発注者側の過剰な要求に歯止めを掛けるためと解釈すべきこ
とになります。
　第2項は以下の内容となっています。

　　　受注者は、設計図書において監督員の検査（確認を含む。以下
　　この条において同じ。）を受けて使用すべきものと指定された工事
　　材料については、当該検査に合格したものを使用しなければな

らない。この場合において、当該検査に直接要する費用は、受
注者の負担とする。

　この項に記されている、監督員の検査・確認を受けて指定された工事材料と
は、稀に仮設工事資材に関しても指定されることがありますが、基本は本設工
事に用いる資材ということになります。建築工事の場合、本設工事資材の種類
が多種多様であり、全てを検査・確認の対象としては多大な仕事量となってしま
うので、主要な資材を選択し検査・確認対象と定めることになります。一方、土
木工事では本設工事資材の種類が限られており、全ての資材が検査・確認対
象となると考えなければなりません。
　第3項では以下のように監督員の検査義務を定めています。

　　　監督員は、受注者から前項の検査を請求されたときは、請求を
　　　受けた日から〇日以内に応じなければならない。

　この条項の〇には通常7以上の数字が入るので、受注者は検査日の7日以上
前に監督員に検査願いを提出することが求められるわけです。資材の事前検査
は品質管理上、極めて重要なものですが、これが迅速に行われないと工程管理
に大きな影響を与えることになります。受注者は約定工程表に基づき監督員の検
査を義務付けられている資機材の「検査工程表」を作成し、監督員に事前に提
出しておくことが必要です。こうした準備書類の提示により受発注者間の品質問
題の発生を抑制することができます。
　第4項は受注者側の資機材の搬出に関して定めたもので、以下のように定め
ています。

　　　受注者は、工事現場内に搬入した工事材料を監督員の承諾を
　　　受けないで工事現場外に搬出してはならない。

128

第3章　公共工事標準請負契約約款の分析

　なぜ、受注者は工事現場内に搬入した工事材料を監督員の承諾を受けないで工事現場外に搬出してはならないのでしょう。契約約款の解説書（P-156）では、工事材料は部分払いの対象としているためと記しています。この理由もありますが、本来の目的は品質管理に関係することであり、受注者が監督員の検査に合格した資材を持ち出し、他のものと入れ替えるといったことを防止するためと解釈すべきです。

　第5項は不合格の資機材の搬出義務を定めたもので以下の内容となっています。

　　　受注者は、前項の規定にかかわらず、第2項の検査の結果不合
　　　格と決定された工事材料については、当該決定を受けた日から
　　　〇日以内に工事現場外に搬出しなければならない。

　この条項の〇も7以上の数字となりますが、不合格資材を速やかに工事現場外に搬出することを定めたのも第4項と同じ品質管理上の理由であり、合格資材と不合格資材を混同しないようにするためです。

14) 第14条（監督員の立会い及び工事記録の整備等）

　この条項は第13条と連動したもので、検査手順を規定しています。第1項は以下の内容となっています。

　　　受注者は、設計図書において監督員の立会いの上調合し、又
　　　は調合について見本検査を受けるものと指定された工事材料に
　　　ついては、当該立会いを受けて調合し、又は当該見本検査に合
　　　格したものを使用しなければならない。

ここに記されている事項は、アスファルト合材やコンクリートの配合設計や事前

129

強度試験等が該当し、建築工事では原寸サンプル（モックアップ）検査といったものが含まれます。

第2項から第4項は以下の内容となっています。

> 第2項：受注者は、設計図書において監督員の立会いの上施工するものと指定された工事については、当該立会いを受けて施工しなければならない。
>
> 第3項：受注者は、前2項に規定するほか、発注者が特に必要があると認めて設計図書において見本又は工事写真等の記録を整備すべきものと指定した工事材料の調合又は工事の施工をするときは、設計図書に定めるところにより、当該見本又は工事写真等の記録を整備し、監督員の請求があったときは、当該請求を受けた日から○日以内に提出しなければならない。
>
> 第4項：監督員は、受注者から第1項又は第2項の立会い又は見本検査を請求されたときは、当該請求を受けた日から○日以内に応じなければならない。

第4項では第13条第3項と同じ手順の監督員の検査対応義務を定めています。

第5項と第6項は以下の内容となっています。

> 第5項：前項の場合において、<u>監督員が正当な理由なく受注者の請求に○日以内に応じないため</u>、その後の工程に支障をきたすときは、受注者は、監督員に通知した上、当該立会い又は見本検査を受けることなく、工事材料を調合して使用し、又は工事を施工することができる。この場合において、受注者は、当該工事材料の調合又

130

は当該工事の施工を適切に行ったことを証する見本又
は工事写真等の記録を整備し、監督員の請求があった
ときは、当該請求を受けた日から〇日以内に提出しなけ
ればならない。

第6項：第1項、第3項又は前項の場合において、見本検査又
は見本若しくは工事写真等の記録の整備に直接要する
費用は、受注者の負担とする。

　第5項は少々問題を含んだ条項ですので掘り下げて分析する必要があります。前半の文章の「監督員が正当な理由なく受注者の請求に応じない」というのは明らかに監督員の義務不履行であり、この条項は違反を容認する内容となっています。なぜ、こうした条項が生まれるのでしょう。考えられるのは、総価一式請負契約は自主施工が原則という論理です。

　契約は権利と義務の均衡が原則であり、この考えなくして契約の公平性、透明性は担保出来ません。例え自主施工が原則であっても、契約当事者の権利と義務の明確化は必須となります。

　監督員が正当な理由なく受注者の請求に応じないために、工事の遅延が発生した場合は、受注者に追加費用と工期延伸の請求権が発生しますので、検査の遅延は発注者にとって危険な状態を作り出すことになります。

　国際建設契約約款（FIDIC契約約款）の単価数量精算契約約款でも、発注者側からの図面発給や指示遅延により工事が遅延した場合、受注者は追加費用と工期延伸を請求することが出来ると定めています。このため、受注者の請求に対応出来るよう、発注者が建設コンサルタントを監理者として活用する方法が採用されています。

　日本でも、発注者側の要員不足が深刻化しており、早期に同様な方策を導入すべきと思います。第9条の分析で発注者側の監督員の権限を分析しました。又、国際建設プロジェクトでは監督員として、工事監理技術者（Engineer）と工事検査員（Inspector）が常駐すると述べました。

監督員は追加費用と工期延伸に関する協議権限がないわけですから、監督員の業務をコンサルタントに委託しても会計法上も根幹に触れる問題にはならないはずですし、少なくとも工事検査員の役割の外注化は直ぐにもできるはずです。こうした動きは既に始まっていますが、工事監理技術者と工事検査員の権限の明確化は行っていかなければなりません。

15) 第15条（支給材料及び貸与品）

　第15条は発注者から受注者への支給材料及び貸与品に関する責任と権限を定めたものです。第1項から第11項で成り立っており、以下の内容となっています。

> 第1項：発注者が受注者に支給する工事材料（以下「支給材料」
> 　　　　という。）及び貸与する建設機械器具（以下 「貸与品」と
> 　　　　いう。）の品名、 数量、 品質、 規格又は性能、 引渡場
> 　　　　所及び引渡時期は、 設計図書に定めるところによる。
> 第2項：監督員は、 支給材料又は貸与品の引渡しに当たって
> 　　　　は、 受注者の立会いの上、 発注者の負担において、 当
> 　　　　該支給材料又は貸与品を検査しなければならない。 こ
> 　　　　の場合において、 当該検査の結果、 その品名、 数量、
> 　　　　品質又は規格若しくは性能が設計図書の定めと異な
> 　　　　り、 又は使用に適当でないと認めたときは、 受注者
> 　　　　は、 その旨を直ちに発注者に通知しなければならない。
> 第3項：受注者は、 支給材料又は貸与品の引渡しを受けたとき
> 　　　　は、 引渡しの日から〇日以内に、 発注者に受領書又は
> 　　　　借用書を提出しなければならない。
> 第4項：受注者は、 支給材料又は貸与品の引渡しを受けた後、
> 　　　　当該支給材料又は貸与品に第2項の検査により発見す
> 　　　　ることが困難であった隠れた瑕疵があり使用に適当でな

第3章　公共工事標準請負契約約款の分析

　　　　いと認めたときは、その旨を直ちに発注者に通知しなけ
　　　　ればならない。
第5項：発注者は、受注者から第2項後段又は前項の規定によ
　　　　る通知を受けた場合において、必要があると認められる
　　　　ときは、当該支給材料若しくは貸与品に代えて他の支
　　　　給材料若しくは貸与品を引き渡し、支給材料若しくは貸
　　　　与品の品名、数量、品質若しくは規格若しくは性能を
　　　　変更し、又は理由を明示した書面により、当該支給材
　　　　料若しくは貸与品の使用を受注者に請求しなければなら
　　　　ない。
第6項：発注者は、前項に規定するほか、必要があると認める
　　　　ときは、支給材料又は貸与品の品名、数量、品質、規
　　　　格若しくは性能、引渡場所又は引渡時期を変更するこ
　　　　とができる。
第7項：発注者は、前2項の場合において、必要があると認めら
　　　　れるときは工期若しくは請負代金額を変更し、又は受注
　　　　者に損害を及ぼしたときは必要な費用を負担しなければ
　　　　ならない。
第8項：受注者は、支給材料及び貸与品を善良な管理者の注
　　　　意をもって管理しなければならない。
第9項：受注者は、設計図書に定めるところにより、工事の完
　　　　成、設計図書の変更等によって不用となった支給材料
　　　　又は貸与品を発注者に返還しなければならない。
第10項：受注者は、故意又は過失により支給材料又は貸与品
　　　　が滅失若しくはき損し、又はその返還が不可能となった
　　　　ときは、発注者の指定した期間内に代品を納め、若し
　　　　くは原状に復して返還し、又は返還に代えて損害を賠償
　　　　しなければならない。

133

第11項：受注者は、支給材料又は貸与品の使用方法が設計図
　　　　書に明示されていないときは、監督員の指示に従わな
　　　　ければならない。

　以下、各条項の留意すべき点を分析して行きます。

　第1項の留意点は「引渡場所及び引渡時期は、設計図書に定めるところによ
る」という記述です。この文章で、先ず理解しておかなければならないのは、「設
計図書に定める」という言葉の意味です。

　「設計図書に定める」という記述は、入札時に発注者が設計図書に示すこと
であり、言い換えれば「契約の前提条件として示す」という意味なのです。この
解釈は公共工事標準請負契約約款全体に適用されるものとなります。

　では、契約成立後に、発注者が設計図書に書いて受注者に通知すること
は、この記述に含まれないのかというと、これは含まれません。なぜならば、契
約成立後に設計図書に書いて受注者に通知することは契約条件の変更の範疇
となるからです。

　このように文言を整理していくと、第1項の意味が明確になってきます。第1項
は、受注者に対し、設計図書に記された支給材料や貸与品と、その引き渡し
場所及び引き渡し時期を勘案して施工計画を立て、工程表を作成し、入札額を
提示し、その結果、契約金額が決まったということを認識しなければならないと
述べているのです。

　第2項は、支給材料や貸与品の品目、数量、品質、規格と性能が設計図書
に示された物と適合するか否かの確認を、監督員が受注者と共に行うことを定
めたもので、受注者が不適合を発見した場合は、即刻、発注者に是正を求め
ることを規定した内容となっています。

　第3項は支給材料や貸与品の引き渡し書類の規定ですので、特に分析は不
要ですが、受発注者間の書類の授受は確実に行っておかなければなりません。

　第4項では、支給材料や貸与品に隠れた瑕疵が発見された場合の受注者の
通知義務を定めたものです。

第3章　公共工事標準請負契約約款の分析

　第5項は、欠損や不適合が発見された場合、発注者は、適正な製品を再支給するか代替品を支給する義務を持つことを定めたものとなっています。分かり難いのは最後の「当該支給材料若しくは貸与品の使用を受注者に請求しなければならない」という文章です。

　この文章が「受注者に請求することができる」という記述であれば、発注者の権利を示したものとなるのですが、「請求しなければならない」と記しているので、発注者の義務を明示したものとなります。受注者は発注者や監督員から「指示」があった場合は、特別な理由がない限り、これに従わなければなりませんが、「請求」の場合はこれを断ることができます。従って、発注者が受注者に対し「請求の義務」を果たすということはないはずです。

　では、発注者は誰に対し「受注者への請求の義務」を負うというのでしょう。この記述は、発注機関としての国家に対する義務を意識したものとも考えられます。いずれにしても、こうした記述は発注者と受注者の権利と義務を明解に記すという契約約款の役割から考えても、分かり易いものにしていかなければなりません。

　話を「請求しなければならない」という文章に戻すと、この文章は「請求することができる」と捉えることもできますが、次項の第6項で発注者の支給品の変更や引き渡し時期の変更の権利を述べていますので、この内容と符合させると、「指示しなければならない」という、発注者の指示義務を明示したものと解釈する方が妥当だと思います。

　第7項では、発注者による支給品の変更によって受注者の工事遂行に支障を来した場合、追加費用と工期延伸の請求対象になると定めています。

　重要なのは、支給品や貸与品の変更によって自身の工事遂行に支障を来したという証拠を、受注者がどのようにして提示するかです。その方法は、受注者が支給品や貸与品をどのようにして使用するかを明示した施工計画書や、どの時期に使用するかを明示した工程表を作成し、発注者に提出しておくことです。

　こうした方策は、第1項の解釈で述べた、支給材料や貸与品に対する受注者としての基本認識を基にして実施されなければなりません。

　第8項から第10項までは、受注者の支給品や貸与品の保管と管理義務を定

135

めたもので、内容は明確ですので分析は不要と思います。

最後の第11項は支給品や貸与品の使用方法について定めたものですが、問題は、発注者が支給品や貸与品を自身の指定する方法、いわゆる「指定仮設」の状態で使用することを前提にした内容となっていることです。

支給品や貸与品は、受注者自身が定める施工方法、つまり「任意仮設」の状態で使用されることは十分に考えられます。例として、以下のような工事を考えてみましょう。

当該工事は延長数百メートルの杭構造のコンクリート港湾桟橋工事で、潮位変化等を検討した結果、杭打台船施工ではなく仮設桟橋工法を採用し、数工区に分けて建設することになった。

仮設桟橋の施工には多くのH型鋼材が必要となる。このため、発注者は、第1期工事で使用した仮設桟橋用のH型鋼材を、第2期工事、第3期工事へと転用していく計画を立てた。第2期工事の受注者は、第1期工事からの転用鋼材を用い、より効率性の高い仮設桟橋構造を設計し工事を行なった。第3期工事では本設桟橋形状が、一部、第2期工事の形状と違う箇所があり、受注者が新たな仮設桟橋構造を設計し工事を行なった。

このように受注者自身が支給材や貸与材の使用方法を決めるケースは十分に考えられます。したがって、第11項の条項内容は「指定仮設」と「任意仮設」の両面から見つめたものに変更していく必要があります。

16) 第16条（工事用地の確保等）

この条項は契約管理において極めて重要な条項であり、第1項には以下の内容が記されています。

> 発注者は、工事用地その他設計図書において定められた工事の施工上必要な用地（以下「工事用地等」という。）を受注者が<u>工事の施工上必要とする日</u>（設計図書に特別の定めがあるとき

は、その定められた日）までに確保しなければならない。

第2項は受注者の工事用地の管理義務を規定したものです。

　　受注者は、確保された工事用地等を善良な管理者の注意をもっ
　　て管理しなければならない。

第3項から第5項までは、工事用地を返還する場合の受発注者の権利と義務
を定めた条項となっています。

　　第3項：工事の完成、設計図書の変更等によって工事用地等が
　　　　　　不用となった場合において、当該工事用地等に受注者
　　　　　　が所有又は管理する工事材料、建設機械器具、仮設
　　　　　　物その他の物件（下請負人の所有又は管理するこれら
　　　　　　の物件を含む。）があるときは、受注者は、当該物件を
　　　　　　撤去するとともに、当該工事用地等を修復し、取り片付
　　　　　　けて、発注者に明け渡さなければならない。
　　第4項：前項の場合において、受注者が正当な理由なく、相当
　　　　　　の期間内に当該物件を撤去せず、又は工事用地等の
　　　　　　修復若しくは取片付けを行わないときは、発注者は、受
　　　　　　注者に代わって当該物件を処分し、工事用地等の修復
　　　　　　若しくは取片付けを行うことができる。この場合において
　　　　　　は、受注者は、発注者の処分又は修復若しくは取片付
　　　　　　けについて異議を申し出ることができず、また、発注者
　　　　　　の処分又は修復若しくは取片付けに要した費用を負担し
　　　　　　なければならない。
　　第5項：第三項に規定する受注者のとるべき措置の期限、方法
　　　　　　等については、発注者が受注者の意見を聴いて定める。

先ず、理解しなければならないことは、受注者が工事の施工上必要とする日までに工事用地が確保されず、工事推進に支障を来した場合はどうなるかです。この場合は「契約条件変更」となりますが、第16条には追加費用と工期延伸の請求に関する条項がありませんので、第18条（条件変更等）の第4項等に従い受注者側に工期延伸と追加費用請求権が発生することになります。

　さて、「受注者が工事の施工上必要とする日」ですが、これは工事着工だけでなく、全作業に存在することなり、その特定は受注者が作成し発注者に提出した「約定工程表（契約書に添付された工程表）」に示された各作業の開始日ということになります。

　従って「約定工程表」は各作業の開始日が明確に示された内容でなければなりません。**図-12**は国土交通省の発注工事の約定工程表の例です。形式はバーチャート（Bar Chart）であり、記されている工事項目（Activities）は10程度で、工事順序の明示がありません。ほとんどの公的発注機関がこの書式を採用していますので公共工事の「約定工程表」はこの程度の精度となっています。こ

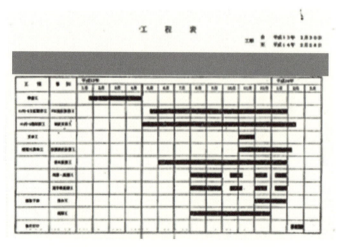

図-12 国土交通省の発注工事の約定工程表例

第3章　公共工事標準請負契約約款の分析

れでは「受注者が工事の施工上必要とする日」を正確に把握することは出来ません。必須条件はCPM：Critical Path Methodによる約定工程表となるのですが、これについては後の条項分析で詳しく述べることにします。

　工事用地引き渡し遅延ですが、1999年の日本土木工業協会（現日本建設業連合会）の調査では、用地引き渡し遅延を抱えた工事は全体の27％でした。しかし、2012年に日本建設業連合会が行った調査結果では47％に増加しており、工事用地引き渡し遅延は契約管理上、極めて重要な問題となっていることが分かります。

　工事用地の確保に関し契約約款の解説書（P-174）では以下のように説明しています。

> 工事用地を「確保する」とは、必ずしも土地の所有権を取得することだけに限らず、請負者の工事の施工を妨げる所有権以外の権利、たとえば、地上権、地役権等の用地物権のほか、抵当権等の担保物権、用役賃借権、漁業権、鉱業権等を消滅させることも含むものである。また、このような権利を取得し、又はこれを消滅させることのほか、物理的に障害物を除去することも含まれると解される。さらに、発注者が工事目的物の設置に関し河川、道路等の工作物の占用許可を得ることも含むものと解すべきであろう。

　このように、発注者に課された工事用地の確保とは「受注者が障害なく工事を遂行出来る状態にする」ということになります。しかし、実際の現場では、取り付け道路工事が未完了、解体対象家屋に居住者が残っている、文化財調査、漁業組合との補償交渉、橋梁工事での河川管理者との調整等が未完了といった状況のため受注者が工事に着手できない、或いは工事が計画通り遂行できないといった状態が発生します。

　こうした場合、受注者側に追加費用と工期延伸請求の権利が発生することになります。問題は、先に述べたように、第16条にはこの権利を明記した条項が無

139

く、第2項以降は、工事用地の管理義務や返還時の義務を受注者に課した条項となっていることです。

　受注者側の追加費用と工期延伸の請求権はどのように特定されるかというと、後に述べる第18条（条件変更等）や第20条（工事の中止）等に従って行われることになります。この手順については後に詳しく述べることにします。

　尚、国際建設契約約款（FIDIC契約約款）の工事用地に関する条項では、受注者が、提出した工程表通りに支障なく工事を進められる期間内に用地提供がなされなかった場合、受注者は追加費用と工期延伸の請求権を有すると明確に述べています。

17）第17条（設計図書不適合の場合の改造義務及び破壊検査等）

　第17条の第1項は以下の内容となっています。

> 受注者は、工事の施工部分が設計図書に適合しない場合において、監督員がその改造を請求したときは、当該請求に従わなければならない。この場合において、当該不適合が監督員の指示によるときその他発注者の責めに帰すべき事由によるときは、発注者は、必要があると認められるときは工期若しくは請負代金額を変更し、又は受注者に損害を及ぼしたときは必要な費用を負担しなければならない。

第2項から最終第4項までは不適合の是正方法を定めた内容となっています。

> 第2項：監督員は、受注者が第13条第2項又は第14条第1項から第3項までの規定に違反した場合において、必要があると認められるときは、工事の施工部分を破壊して検査することができる。

第3章　公共工事標準請負契約約款の分析

第3項：前項に規定するほか、監督員は、工事の施工部分が
設計図書に適合しないと認められる相当の理由がある
場合において、必要があると認められるときは、当該相
当の理由を受注者に通知して、工事の施工部分を最小
限度破壊して検査することができる。

第4項：前2項の場合において、検査及び復旧に直接要する費
用は受注者の負担とする。

　第17条は工事の不適合の是正義務を受注者に課した条項で、不適合が発
注者側の責めに帰す場合は、受注者側に追加費用と工期延伸の権利が発生
することを規定しています。発注者側の責めに帰すケースとしては、第1項にある
ように監督員からの指示があった場合です。その他、発注者から発給される図
面や仕様書の誤謬や脱漏等が考えられます。

　留意すべきは、受注者が発注者側の責であることを明らかにしなければならな
いということです。監督員の指示が原因である場合は、指示の存在を明確に示
す「指示書」等の証拠の提示が求められます。また、図面や仕様書の誤謬や脱
漏が原因の場合、受注者はそれらが通常の生産活動の範囲で知り得るもので
なかったことを証明することが必要となります。受注者はこうした事態や対処に留
意しながら工事を推進することが求められています。

18) 第18条（条件変更等）

　第18条は追加費用と工期延伸請求に関わる大変重要な条項となります。第1
項では以下のように規定しています。

受注者は、工事の施工に当たり、次の各号のいずれかに該当す
る事実を発見したときは、その旨を直ちに監督員に通知し、その
確認を請求しなければならない。

141

一. 図面、仕様書、現場説明書及び現場説明に対する質問回答書が一致しないこと（これらの優先順位が定められている場合を除く）。

二. 設計図書に誤謬又は脱漏があること。

三. 設計図書の表示が明確でないこと。

四. 工事現場の形状、地質、湧水等の状態、施工上の制約等設計図書に示された自然的又は人為的な施工条件と実際の工事現場が一致しないこと。

五. 設計図書で明示されていない施工条件について予期することのできない特別な状態が生じたこと。

　このように第一号、第二号、第三号は設計図書に関わる問題であり、第四号、第五号は施工状態に関わる問題ですが、いずれの場合も、監督員による確認が必須前提条件となります。

　もし、受注者が第18条第1項の各号に該当する事実を発見し、監督員の確認を求めず発生事象に対応した場合どうなるかですが、契約の論理からすると、受注者は追加費用と工期延伸請求権を放棄したとみなされます。なぜならば、監督員は受注者がどのように対処したのか過程が分からないし、特に、第四号と第五号の場合、監督員は事象発生時の状態を知らされていないわけですから、契約変更の対処の方法論が見出せません。

　一方、第2項では監督員の確認義務を以下のように定めています。

　　監督員は、前項の規定による確認を請求されたとき又は自ら同項各号に掲げる事実を発見したときは、受注者の立会いの上、直ちに調査を行わなければならない。ただし、受注者が立会いに応じない場合には、受注者の立会いを得ずに行うことができる。

　このように監督員は受注者からの事実確認要求に直ちに対応する義務を負っ

ています。因みに、後半の「ただし、受注者が立会いに応じない場合…」という
文章は、監督員が自身で該当事実を発見した場合の対応を述べたものと判断さ
れます。

第3項は事実確認後の発注者側の対応を定めたもので、以下のように規定し
ています。

> 発注者は、受注者の意見を聴いて、調査の結果（これに対して
> とるべき措置を指示する必要があるときは、当該指示を含む。）を
> とりまとめ、調査の終了後〇日以内に、その結果を受注者に通
> 知しなければならない。ただし、その期間内に通知できないやむ
> を得ない理由があるときは、あらかじめ受注者の意見を聴いた
> 上、当該期間を延長することができる。

注視すべきは、第2項は監督員が主語であり、第3項は発注者が主語となっ
ていることです。つまり、契約的には監督員は事実確認を行うだけで、対応策
の明示は発注者が行うということになります。対応策の明示を監督員ではなく発
注者としたのは、変更事象の多くが追加費用と工期延伸に関連してくることにな
るからでしょう。しかし、この項の「〇日」は通常14日となりますから、この間に、
監督員から報告を受けた発注者（実質的には現場に常駐しない契約担当官）
は、工事中止の判断、発生事象調査の実施、対応策の策定、受注者への指
示等、迅速な対応を求められることになります。これは、契約担当官にとって容
易なことではありません。従って、多くの場合、監督員が対応策を策定し、その
説明を受けた契約担当官が方針決定を行うことになります。

2005年頃から国土交通省によって「ワンデーレスポンス」という活動が導入され
ました。国土交通省はその導入理由を以下のように説明しています。

> ワンデーレスポンスは、監督職員が個々において実施していた
> 「現場を待たせない」、「速やかに回答する」という対応をより組

織的、システム的なものとし、工事現場において発生する諸問
題に対し迅速な対応を実現するものである。

このように「ワンデーレスポンス」は、現場で発生する問題に迅速に対応するという発注者側の決心を明らかにしたものです。しかし、「監督職員」が公共工事標準請負契約約款の「監督員」を意味するものであればこの活動は実施的にはかなり無理なものとなります。なぜならば、上述のように、契約的には発生問題への対応策は監督員ではなく契約担当官が行うことになっているからです。そもそも、現場の最前線にいる監督員に追加費用と工期延伸を扱う権限を与えず、迅速な対応を約束するというのはおかしな話です。このままでは「ワンデーレスポンス」は監督員を苦しめるものとなってしまいます。

第4項では発生事象に対する設計図書の訂正や変更方法を以下のように定めています。

前項の調査の結果において第1項の事実が確認された場合において、必要があると認められるときは、次の各号に掲げるところにより、設計図書の訂正又は変更を行わなければならない。
一. 第1項第一号から第三号までのいずれかに該当し設計図書を訂正する必要があるもの　**発注者が行う**。
二. 第1項第四号又は第五号に該当し設計図書を変更する場合で工事目的物の変更を伴うもの　**発注者が行う**。
三. 第1項第四号又は第五号に該当し設計図書を変更する場合で工事目的物の変更を伴わないもの　発注者と受注者とが協議して**発注者が行う**。

この項で「発注者が行う」としているのは設計図書の訂正や変更であり、契約金額の変更や工期の変更ではありません。契約金額の変更や工期の変更に関

第3章　公共工事標準請負契約約款の分析

しては次の第5項で以下のように定めています。

> 前項の規定により設計図書の訂正又は変更が行われた場合に
> おいて、発注者は、必要があると認められるときは工期若しくは
> 請負代金額を変更し、又は受注者に損害を及ぼしたときは必要
> な費用を負担しなければならない。

　設計図書は発注者が契約条件を明示したものであり、設計図書の変更は、ほ
とんどの場合、契約条件の変更となります。契約条件の変更によって追加費用
や工期変更が必要となった場合、受注者側にその請求権が発生することになりま
す。第5項はこの論理に則ったもので、受注者側の請求権発生を述べています。
　しかし、受注者がその権利を行使しない限り、発注者は請負代金額の変更
や工期の変更を行う必要はありません。「権利の保持と行使は別」、これは契約
管理の根幹原則であり、約款の全条項に適用される原理ですので、その対応
に関しては第4章の「契約変更の実務」で詳しく述べることにします。
　第3項に記されているように、発注者は変更事項が発見された場合、調査
し、対応策を受注者に示さなければなりません。同時に、当該変更に関連する
工事を中止させる必要があるか否かの判断を求められることになります。
　もちろん、受注者から工事中止指示を求めることは可能ですが、発注者が対
応策を示さず、工事の中止指示も出さない場合は、受注者はそのまま工事を続
行することが求められます。
　公共工事標準請負契約約款の1989年（平成元年）の改定版までは、この（条
件変更等）の条項（当時は第17条）に受注者の工事中止権を定めた以下のよう
な条項がありました。（文中の乙は受注者、甲は発注者を意味する。）

> 5. 乙は、次の各号に該当するとき、10日以前に甲に通知して
> 　 工事の全部又は一部の施工を一時中止することができる。た
> 　 だし、甲がその期間内に合意、変更、訂正又は協議に係わ

145

る決定を行なわないことにつき、やむを得ない理由はがあると
きは、この限りでなし。

一. 第1項の規定による確認を求めた後、20日以内に確認に
　　ついての合意が成立しないとき。

二. 第2項の規定による確認についての合意が成立した後、
　　甲が20日以内に工事内容の変更又は設計図書の訂正を
　　行わないとき。

三. 前項において準用する次条第2項の規定による協議を申し
　　出た後20日以内に協議が整わないとき。

　この条項は、1995年の条項改定で削除され、現状では発注者の支払い義
務不履行以外、受注者の工事中止権はありません。筆者の書斎にはこの本を
書くために日本建設業連合会から提供して頂いた経年の公共工事標準請負契
約約款の解説書があります。受注者の工事中止権の削除について1995年10月
に発行された解説書(P-192)には以下の記述が見られます。

　　……第1項各号の事実を確認するための調査に請負者が立会う
　　こととし、調査結果の取りまとめに当って、発注者は請負者の意
　　見を聴くこととし、請負者の立場の保護を図ったことと、欧米主
　　要国の公共工事に用いられている約款において、このような場
　　合に請負者に工事中止権を認めたものはなく、今後、誤用又は
　　濫用のおそれが懸念されるからである。

　この記述にあるように、1995年の条項改定で第18条に発注者が発生事象の
対応方針を出す期間を規定する条項(第3項)が組み込まれたので受注者が工
事中止を主張する必要性は薄れました。また、国際建設契約約款(FIDIC契
約約款)でも、発注者の支払い義務不履行以外、受注者の工事中止権を定め
た条項はありません。

146

第3章　公共工事標準請負契約約款の分析

　しかし、日本の公共工事標準請負契約約款では、先に分析したように現場の監督員には追加費用と工期延伸に関する権限がなく、発生事象の対策は契約担当官が示すことになるので、欧米主要国の公共工事とは実態が大きく異なります。

　発注者は、もし、自身が的確に工事中止を決定せず、受注者が工事を続行し手戻りが生じた、或いは必要資機材を調達してしまった場合、受注者側に追加費用と工期延伸の請求権が発生するということをしっかりと認識しておかなければなりません。

①受注者の「熟知義務」

　ここで第18条の適用に関する問題点を述べておきます。

　第1は第1項の第一号（設計図書の矛盾点）、第二号（誤謬又は脱漏）、第三号（表示不明瞭）で、これらが入札時に受注者が知り得ないものであったか否かという議論です。

　第2は第四号（設計図書に示された施工条件と実際の工事現場が一致しない）、第五号（設計図書に明示がない施工条件）が、受注者にとって予測不可能なものであったか否かという議論です。

　これらは受注者側の契約条件の「熟知義務」の議論であり、追加費用や工期延伸請求の権利の有無に深く関わるものとなります。総価一式請負契約を基本形としている日本では、第18条の第1項に示された事象が発見されても、発注者が「熟知義務の範囲である」として受注者の請求を拒否するケースが多く見られます。

　契約条件の「熟知義務」は諸外国の建設契約でも常に議論となる事柄であり、国際的な判断基準がどのようなものかを説明することにします。

　上述のごとく、第18条に基づく受注者側の追加費用と工期延伸請求に対し、発注者からは設計図書や現場の状態に関する受注者としての「熟知義務」という議論が持ち出されます。発注者側の主張は以下のような内容となります。

　公共工事標準請負契約約款の第1条第2項で「受注者は、契約書記載の工事を契約書記載の工期内に完成し、工事目的物を発注者に引き渡すものとし、

147

発注者は、その請負代金を支払うものとする」と記しているように、総価一式請負契約においては、受注者に工事を完成させるために必要となる事柄に関する「熟知義務」があるといった主張です。

　確かに、受注者は工事の完成責任を果たすために契約条件を熟知しておく必要があります。では、「熟知義務」とは契約的にどのように解釈したらよいのでしょう。先ず認識しておかなければならないことは、公共工事標準請負契約約款や共通仕様書には「熟知義務」という言葉を記した条項はないということです。

② 「熟知義務」の基本的解釈

　「熟知義務」に関連する条項としては共通仕様書の「設計図書の照査等」があり、その第2項（設計図書の照査）では以下のように記されています。

> 受注者は、施工前及び施工途中において、自らの負担により契約書第18条第1項第1号から第5号に係る設計図書の照査を行い、該当する事実がある場合は、監督職員にその事実が確認できる資料を書面により提出し、確認を求めなければならない。なお、確認できる資料とは、現地地形図、設計図との対比図、取合い図、施工図等を含むものとする。また、受注者は、監督職員から更に詳細な説明または書面の追加の要求があった場合は従わなければならない。

　この記述で分かるように「設計図書照査」とは、発注者から発給された設計図書を精査し疑問点があれば監督員に通知することであり、本質は受注者が自身の業務遂行に必要な事項を把握することなのです。

　実際の工事では「設計照査」と称して、設計会社が行っているはずの構造物の設計計算まで受注者に行わせるケースが散見されます。これは明らかに本質を逸脱した要求です。設計会社に発注した設計業務を施工者にも要求することは、同一業務の重複発注となり、予算管理面からも許されません。

第3章　公共工事標準請負契約約款の分析

　現場の状況等、物理的な条件に関する熟知も「設計図書の照査」に記されているように、発注者から与えられた地形図、地質図、施工関連図書と現場の状況を相互確認することになります。

　つまり、総価一式請負契約においても、当該契約の設計図書の内容確認及び設計図書と現場状況の確認が受注者側の「熟知義務」の範囲となるわけです。従って、工事完成責任を負っているのだから、受注者は発注者以上に工事遂行に必要な事項を熟知していなければならないといった解釈は契約的論理からすると過大解釈となります。もちろん、契約条件の把握には当該工事に関する知識や経験値が必要となりますが、あくまでも、発注者から与えられた与条件の把握が受注者としての義務となります。

　「熟知義務」に関連する問題に、以下のよう事例が見られます。

　設計図書に含まれる「特記仕様書」に「当該部分の構造物は形状を変更する可能性がある」と記されていた。工事遂行中に発注者から受注者に新たな図面が発給され構造物の形状が変更されたが、曲面型枠の使用等、複雑な施工が必要となった。受注者は構造形状の変更は第19条の（設計図書の変更）に該当するとして追加費用と工期延伸の必要性を発注者に伝えた。発注者は特記仕様書に形状変更があることを記しているので、新たな設計変更には該当せず、追加費用と工期延伸の対象外であると受注者に回答した。

　この発注者の回答は、契約論理からすると適正ではありません。「形状を変更する可能性がある」という記述は、単に可能性を受注者に伝えたものであり、受注者は形状変更の存在を認識し、これを受け入れる義務がありますが、形状変更を無条件で受け入れることを約束したものとはなりません。

　これを実質的な面から分析すると以下のようになります。受注者は入札時点（あるいは契約時点）で形状変更の可能性は知っていたが、変更内容が特定されていないので、施工計画を立案できず、工程の設定、積算もできる状態ではなかった。施工計画、工程設定、積算もできない状態では契約に当該事象を

149

含めることは不可能である、ということになります。

　こうした問題は、上述のごとく、入札時、あるいは契約時点で施工計画の立案、工程設定、積算ができる状態であったか否かが判断の基準となります。

　尚、「熟知義務」に関する国際建設市場での実態ですが、国際建設契約約款（FIDIC契約約款）の単価数量精算契約約款でも、条項4.12（予見不可能な物理的条件：Unforeseeable Physical Conditions）という、公共工事標準請負契約約款の第18条と同様な条項があり、受注者にとって「予見不可能」な事象が発生した場合、追加費用と工期延伸請求が可能としており、「予見不可能：Unforeseeable」を以下のように定義しています。

> not reasonably foreseeable by an experienced contractor by the Base Date：基準日までに、経験ある建設企業によっても合理的に予見できないこと。

　ここに書かれている「基準日：Base Date」とは、通常、入札締め切りの28日前の日となり、基準日以降に発生した事柄は入札には反映されていない事象となります。

　日本の公共工事標準請負契約約款は民法の「事情変更の原則」という法原理を基盤としています。これは、契約締結時に前提とした条件が変化し、元契約どおりに履行することが契約当事者間の公平に反する結果となる場合に、当事者は契約解除や契約内容の修正を請求し得るというものです。

　一方、「予見不可能：Unforeseeable」は、契約条件の変更だけでなく、契約締結時に設定することが不可能な条件があることを前提とした法原理といえるのかも知れません。

　話を国際建設契約約款（FIDIC契約約款）の条項4.12（予見不可能な物理的条件）に戻すと、この条項にある「経験ある建設企業」の経験とはどの程度のものを指すのかですが、これも日本の公共工事標準請負契約約款の第18条に従った分析結果と同様に発注者から発給された図書に記されている内容の咀嚼

150

第3章　公共工事標準請負契約約款の分析

に必要な経験値ということになります。

　因みに、入札時点で入札者が設計図書の矛盾点、誤謬又は脱漏、表示不明瞭な点を発見したとしても、これを発注者に報告する義務はなく、是正を求めることは可能ですが、その義務もありません。入札者は自身が理解し得る範囲の入札条件を基に施工計画を立て入札金額を提示すればよいことになります。

　契約図書の解釈に関する基本認識、つまり、入札者が理解し得る入札条件ですが、諸外国では第2章3項の1で述べた建設契約に関する法的教義（legal doctrine）の1つである「起草者に不利なる解釈：Contra Proferentem」という法則が適用されています。

　これは、既に述べたように契約条文に曖昧な部分がある場合、その契約図書を起草した側に不利になるように解釈するというものですが、こういった契約に関する基本法則を基に第18条の適用を考えていく必要があります。

③　「契約形態」と「熟知義務」

　先に、公共工事標準請負契約約款における受注者の「熟知義務」について分析をしましたが、受注者の「熟知義務」の範囲は契約形態によって異なってきます。

　国際建設契約約款（FIDIC契約約款）の単価数量精算契約や、日本の公共工事標準請負契約約款のように、受注者が施工のみを総価一式請負で行う契約では、発注者が示した契約図書の記載事項を精査することが受注者の熟知範囲であり、これが「設計照査」の範囲ということになるわけです。

　しかし、国際建設契約約款（FIDIC契約約款）の設計施工契約（通称イエローブック）やターン・キー /EPC契約（通称シルバーブック）のように詳細設計を含む設計施工契約や基本設計を含む設計施工契約の場合どうなるかを考えてみましょう。

　詳細設計付施工契約では、発注者が基本設計までを行ない、詳細設計を行なうための設計仕様を示すことになるので、受注者は詳細設計を行うための設計仕様に関する熟知義務を負うことになります。又、基本設計以下を含む設計

151

施工契約では、発注者から設計性能が示されるものとなりますので、受注者は要求性能を確保するために必要な事項を熟知しておくことが求められます。

更に述べると、PPPやPFIに適用されるBOT契約の場合は、発注者は施設の使用目的やサービスレベルと言った基本的な要求事項を提示するのみとなりますので、受注者は基本計画、設計、施設運営に関わる全ての事項について「熟知義務」を問われることになります。

このように契約形態によって「熟知義務」の範囲が異なってくるわけですが、逆に考えると、契約形態から「熟知義務」を整理して行くと、施工のみを行う公共工事契約での「熟知義務」範囲が鮮明になってきます。

19) 第19条(設計図書の変更)

第18条は設計図書の不適合や施工条件の変化が確認された場合の対応を定めた条項でしたが、第19条は発注者が自身の意向で設計内容や契約条件を変える場合の対処方法を定めたもので、以下の内容となっています。

> 発注者は、必要があると認めるときは、設計図書の変更内容を受注者に通知して、設計図書を変更することができる。この場合において、発注者は、必要があると認められるときは工期若しくは請負代金額を変更し、又は受注者に損害を及ぼしたときは必要な費用を負担しなければならない。

この条項でいう「設計図書の変更」とは目的とする施設の仕様や形状の変更だけではなく、契約条件の変更も含まれます。なぜならば、「設計図書」は図面、仕様書(共通仕様書と特記仕様書)、現場説明書及び現場説明に対する質問回答書を含むものであり、これらが設計条件だけでなく契約条件も明示するものとなっているからです。

従って、第19条は発注者が設計条件や契約条件を変更したいと考えた場

第3章　公共工事標準請負契約約款の分析

合、いつでも変更出来ることを明記したものとなり、発注者は契約内容の変更に関して受注者に理由を説明する義務もなく、合意を得る義務もありません。受注者は物理的に不可能でない限り、発注者からの変更請求を拒否することは出来ず、発注者が示した変更に従って工事を遂行する義務を負うことになります。一方、受注者は発注者の意向に沿って仕事をするわけですから、変更によって発生する追加費用や工期延伸を請求する権利を持つことになります。

　発注者も受注者も、長い間、追加費用や工期延伸の変更を「設計変更」と言ってきましたが、なぜ、「設計変更」という言葉を使ってきたのでしょう。その理由については第2章第1項で述べましたが、この第19条とも深く関係しているので、再度、掘り下げてみることにします。

　「設計変更」という言葉は以下のような契約論理の下で使用されるようになったと思われます。

　㋐　公共工事標準請負契約約款は、施工のみを総価一式で請け負う契約を基本としている。
　㋑　総価一式請負契約とは、契約金額で目的物の完成を約束するものであり、契約時に設定された工事範囲（これを「設計内容」という）が変化しない限り、施工状況が変化しても受注者には追加費用と工期延伸の権利はない。逆に言うと、追加費用と工期延伸は「設計内容」が変更された場合のみとなる。
　㋒　「設計内容」が変更された場合とは、発注者が自身の意思でこれを行う場合となる。このことを定めたのは第19条であり、故に、追加費用と工期延伸は、全て第19条（設計図書の変更）で対応するものとなる。

　このような解釈から、追加費用と工期延伸を第19条の条項名を短縮し「設計変更」と呼ぶようになったと考えられます。

　しかし、この論理は、一見、適正と思われますが、建設契約の実態を捉えたものではありません。それは、第2章第1項で述べたように追加費用と工期延伸

153

の対象となる契約条件の変更は、発注者の意思による設計内容の変更だけではなく、異常気象や地質条件の変更、第三者による要求・妨害等、自然的、或いは人為的要因よっても発生し、第19条だけで対応出来るものではないからです。

言い換えれば、旧来の「設計変更」とは、民法の請負契約の解釈に基づき、会計法において絶対視されるようになった論理に基づくものなのです。

最近は「設計変更」と「契約変更」という2つの言葉を使うようになってきましたが、これは、建設契約を実質面から捉えたものであり、民法の請負契約の解釈や会計法で絶対視される論理を再考する必要性を明らかにしたものといえます。

しかし、残念なのは国土交通省の中国地方整備局を除く全整備局が「設計変更ガイドライン」をいう名称を使っていることで、「設計変更」と「契約変更」の定義も歯切れが悪く、旧弊に引きずられている感が拭えないことです。このタイトルと内容では、苦労してガイドラインを制定した意味が半減してしまい、国民の理解は得られないでしょう。

追加費用と工期延伸に関するガイドラインを国家機関が率先して作成した例は、他国でも少なく、国際的にも価値あるものといえます。日本の公共事業の公平性向上への取り組みと、その先進性を世界に発信するためにも、港湾局や中国地方整備局のガイドラインのように「設計変更」と「契約変更」の定義を明確にし、国土交通省としてタイトルを「設計・契約変更ガイドライン」に統一すべきであると思います。

さて、話を第19条に戻し、条文の文言に関して分析しておきたいと思います。

① 「認める時」と「認められる時」の相違

第1項では「発注者は、必要があると**認めるとき**は、…設計図書を変更する…」と記しており、第2項では「発注者は、必要があると**認められるとき**は工期若しくは請負代金額を変更し……」と記しています。

これら2項に関し、多くの人々が、発注者は自身が必要と思えばいつでも契約内容変更ができ、自分が必要と考えた時のみ工期の延伸や追加費用を負担す

第3章　公共工事標準請負契約約款の分析

ればよいと解釈しています。

　発注者側の人々は「最後は自分達が決めるもの」と考えており、受注者側からは「何だかんだいっても、最終的には発注者が権限を持つことになる」といった嘆きが聞こえてきますが、これらの解釈は契約の本質を取り違えたものであり、間違いです。

　「必要があると**認める**とき」と「必要があると**認められる**とき」は意味が異なり、前者は自身が「認めた時」であり、後者は、「客観的事実として認められる時」ということになります。

　もし、発生事象に関する最終決定権が発注者にあるとすれば、建設業法に定める「対等と公正」の契約原理が損なわれることになり、日本の建設契約の信頼性は失墜することになります。日本の建設契約の「対等と公正」は法律によってしっかりと守られているということを忘れてはいけません。

② 「設計図書」と「契約条件書」の相違

　「設計図書」に関することですが、国際建設契約約款（FIDIC契約約款）では、「特記仕様書」という言葉はありません。

　仕様書は英語で Specification ですが、この言葉の語幹はSpecifyで「明細に言う、明示する」という意味ですから、仕様書そのものが各作業に要求される精度、方法論、規定等を明記したものとなります。従って、特記仕様書という書類は不要となるわけです。因みに「特記仕様書」を英語にすれば「Special Specification」となってしまいます。

　諸外国でも日本のように「共通仕様書：Standard Specification」を持っている国がありますが、これは当該工事に必要な仕様書を作成するための教科書であって、特別な場合以外は、「共通仕様書」をそのまま契約図書に組み込むことはありません。

　そもそも仕様書とは技術要求事項（Technical requirements）を詳細に記したものであり、詳細契約条件（「技術条件」に対して「商務条件」という）は「特記条件書：Particular Conditions of Contract」に記されることになります。

155

このように、国際建設契約約款（FIDIC契約約款）では、「設計条件」と「契約条件」を明確に区別しており、設計条件を示した図面や仕様書は「技術図書：Technical Documents」ということになり、契約条件を示したものを「契約条件書：Conditions of Contract」と言います。

更に「契約条件書」は「一般契約条件書：General Conditions」と「特記契約条件書 Particular Conditions」に分けられています。

ですから、「設計変更」つまり「Design Change」は目的とする施設の仕様や形状の変更だけを意味し、請負金額の変更や工期の変更は「契約条件変更：Change of Conditions of Contract」ということになります。改定品確法の制定に伴い、請負金額や工期の変更に関するガイドラインが公表され、設計図書の変更を「設計変更」とし、請負金額の変更や工期の変更を「契約変更」として区別していますが、これらを的確に行うためには「設計条件」と「契約条件」を実際の契約関連業務においても明確に区別していくことが必要です。

③第19条の適用に関する問題

既に述べたように、総価一式請負契約は発注者が契約条件を変更した場合以外、基本的に請負金額や工期の変更はないという契約で、本来、設計施工の調達方式に適用される契約形態なのですが、日本の公共工事では施工のみの調達に適用しています。

このため、公共工事標準請負契約約款では第18条第5項に述べられている「予期することのできない施工状態の発生」、第26条の「臨機の措置」、第29条の「不可抗力による損害」の様に、発注者自身が契約条件を変更したものでない場合でも請負金額や工期の変更を行なうとしています。

注視すべきは、これらの変更に対し発注者自身が契約条件を変更した場合の第19条を用いていることです。なぜ、第19条を適用するのでしょう。

総価一式請負契約は工事内容を固定し、工期と請負金額を定めた契約ですので、工事内容を変更し請負金額や工期が変更となった場合、これらを修正し変更契約を結ぶか、追加契約を結ぶことが必要となります。

第3章　公共工事標準請負契約約款の分析

　工事内容の変更はほとんどの場合「設計図書」の修正変更が必要であり、これに対処するため第19条を適用し「設計変更」と言ってきたわけですが、発注者自身が契約条件を変更したわけではないのに、第19条を用いて請負金額や工期の変更を処理するやり方は、契約論理に適合したものではありません。

　第18条の分析で述べたように「権利の保有と行使は別」であり、追加費用や工期延伸請求は受注者が行うことなのです。発注者の義務は受注者から提出された請求図書に記された請求根拠と内容を分析し、自身の意見を伝えることであり、受注者から請求図書が提出されない限り追加費用や工期延伸を行う必要はないのです。

　第19条を適用した「設計変更」によって、受注者は「追加費用や工期延伸を発注者に行ってもらう」といった依存意識が高まり、請求責任に関する意識が高まりません。

　一方、発注者側には追加費用や工期延伸の発生要因の操作といった問題を発生させる可能性が生まれてきます。こうした点を考えると、施工のみの調達方式に適合する単価数量精算契約の導入が必要なことが分かってきます。

20) 第20条（工事の中止）

　第20条は発注者による工事中止に関する条項で、第1項は以下の内容となっています。

> 　工事用地等の確保ができない等のため又は暴風、豪雨、洪水、高潮、地震、地すべり、落盤、火災、騒乱、暴動その他の自然的又は人為的な事象（以下「天災等」という。）であって受注者の責めに帰すことができないものにより工事目的物等に損害を生じ若しくは工事現場の状態が変動したため、受注者が工事を施工できないと認められるときは、発注者は、工事の中止内容を直ちに受注者に通知して、工事の全部又は一部の施

157

工を一時中止させなければならない。

このように、発注者は自然的又は人為的な事象（騒乱、暴動、工事反対運動等の妨害活動、埋蔵文化財発掘調査等も含む）により工事遂行が不可能な状態となった場合、工事を中止する義務を負っています。

第2項は自然的又は人為的な事象以外の要因によるもので、

> 発注者は、前項の規定によるほか、必要があると認めるときは、工事の中止内容を受注者に通知して、工事の全部又は一部の施工を一時中止させることができる。

としています。つまり、発注者は自身が工事を中止する必要があると認めた場合、いつでも工事を中止する権利があり、中止決定に対して受注者に事前に合意を得る必要もありません。

一方、受注者の工事中止権ですが、第18条の分析で述べたように公共工事標準請負契約約款では唯一、発注者が支払い義務を全うしない場合以外、受注者の工事中止権を定めた条項がありません。従って、発注者は迅速に状況を判断し受注者に工事中止の指示を出す必要があります。工事中止指示の遅れによって受注者側に発生した費用は、第18条第1項の第四号、第五号に基づき請求権を確定させ、同条第5項に従い発注者が負担することになります。

第3項は発注者に帰責する工事中止によって発生した追加費用と工期延伸に関わるもので以下のように定めています。

> 発注者は、前2項の規定により工事の施工を一時中止させた場合において、必要があると認められるときは工期若しくは請負代金額を変更し、又は受注者が工事の続行に備え工事現場を維持し若しくは労働者、建設機械器具等を保持するための費用その他の工事の施工の一時中止に伴う増加費用を必要とし若しく

は受注者に損害を及ぼしたときは必要な費用を負担しなければ
ならない。

　第3項は工事中止により受注者側に発生した費用を発注者が負担することを定
めたもので、中止期間の費用としては、例えば、掘削箇所の継続排水に必要な
必要なポンプや電力料、労働者や現場警備員等の労務費、仮設構造物や車
両・機械・器具の原価償却費や維持管理費、待機技術者等の給与、その他
の現場経費等となります。
　このように、工事中止によって発生してくる経費は受注者側に実際に発生する
費用となり、受注者自身が積算して発注者に提出することが必須条件となりま
す。工事中止中の費用の算出を発注者に依頼すると大半は0という答えが返って
きます。なぜならば、発注者の積算基準では、通常、現場経費は直接工事費
の何パーセントという積算方法が取られ、工事が中止状態では直接工事費が0と
なるので、経費も0といった論理となってしまうからです。

21）第21条（受注者の請求による工期の延長）

　第21条の第1項は以下の内容となっています。

> 受注者は、天候の不良、第2条の規定に基づく関連工事の調
> 整への協力その他受注者の責めに帰すことができない事由によ
> り工期内に工事を完成することができないときは、その理由を明
> 示した書面により、発注者に工期の延長変更を請求することが
> できる。

　このように、自身の責に帰さない理由で工事遅延状態になった場合、受注者
は工期延伸請求が可能となります。続く第2項は以下のように述べています。

159

発注者は、前項の規定による請求があった場合において、必要
　　があると認められるときは、工期を延長しなければならない。発
　　注者は、その工期の延長が発注者の責めに帰すべき事由による
　　場合においては、請負代金額について必要と認められる変更を
　　行い、又は受注者に損害を及ぼしたときは必要な費用を負担し
　　なければならない。

　第2項は工期の延伸と追加費用の2つの文章で構成されていますが、後半の
費用に関する文章は2010年の約款改定で追加されたものです。これは発注者
が、工期延伸があっても工事遂行量の増加がなければ、追加費用の支払いは
不要としてきたからです。
　契約約款の解説書の第21条の解説（P-205）では「本条は、いわゆる工期の
無償延長に関する規定であり」といった記述が見られ、国土交通省から出されて
いる公共工事標準請負契約約款の条項の解説等にも第21条を「請負金額の
変更を伴わない工期の変更（いわゆる無償延長）を認める趣旨の規定」といった
記述が見られます。
　「無償延長」という言葉の意味が明確ではないですが、上述の表現からする
と、発注者が費用負担することなく工期延長を行うことと判断されます。つまり、
第21条は「受注者が工期延長を求めてきたものを認めてやるのだから発注者は
費用を負担する必要はない」といった論理で定められた条項のように思われます。
　こうした背景もあり、多くの発注者が工期延伸には費用負担はないということを
以下のように主張してきました。

　㋐ 発注者の積算基準に従えば追加費用は、追加工事単価×追加工事量で
　　算出される。
　㋑ このため、追加工事量が0であれば、0×追加工事単価となり追加費用は0
　　とになる。
　㋒ 工期延伸に伴う受注者の経費についても、経費は工事額×率（経費率）で

第3章　公共工事標準請負契約約款の分析

計算される。

㊁ 追加工事量が0であれば増加工事額は0となり、0×経費率となるため経費
も0となる。

　この論理は先に述べた第20条や、この後の第22条の追加費用にも適用され
ていたようですが、工期が延長されれば、受注者にも相応の費用が発生してくる
のは明らかであり、第2章の3で述べた建設契約の法的教義の1つの「提供した
役務に見合った報酬を受ける権利：Quantum Meruit」等から見ても契約の公
正性とは程遠い曲論となります。

　2010年の約款改定でこうした片務論理に歯止めが掛かったわけですが、約
款改定がなければ曲論が払拭されないというのは問題です。

　2010年の約款改定で第21条の片務性は解決されたわけですが、未だに「無
償延長」の論理は払拭されていないようで、契約約款の解説書（P-205）の第21
条の解説には「工期遅延事由の一般論」というタイトルで以下のような説明がなさ
れています。

　　……工事の工期内完成が不可能となる場合は、一般的に次の3
　　つに分類される。

　㋐ 請負者の帰責事由により工事の着手が遅れ、又は工事の進
　　　捗がはかどらない場合。

　㋑ 条件変更（第18条）、設計図書の変更（第19条）、前払金等
　　　の不払い（第43条）に対する工事中止の場合など契約内容の
　　　変更又は発注者の帰責事由により当初の工期が不適当とな
　　　る場合。

　㋒ 受注者発注者双方の責めに帰すことができない天候の不
　　　良、発注者が行う関連工事の調整への協力等により工事が
　　　遅れる場合。

　　以上の工期遅延事由のうち、㋐は遅延利息の規定（第45条）の

161

適用を受ける工事遅延であり、工期は延長されない。①は、上記の各条項及び本条項で工期の延長と請負代金額の変更が規定されており請負代金額の変更を伴う工期延伸である。⑦の場合には本条によって、請負代金の変更を伴わない工期の変更（いわゆる無償延長）が認められる。

　この解説では①のケースは請負代金額の変更が認められるが⑦のケースは請負代金額の変更は行われないと述べています。「工期遅延事由の一般論」というタイトルが「これまでの一般論」という意味なのか、「現状での一般論」であるのか定かではありませんが、後者であるとすれば誤った解説となります。

　「受注者発注者双方の責めに帰すことができない天候の不良」は、後述する第29条（不可抗力による損害）で「損害による費用の負担を発注者に請求することができる」としています。

　損害による費用には工期延伸による人件費や資機材の原価償却費も含まれるべきであり、発注者が行う関連工事の調整による工事の遅れは、発注者の責に帰す事象です。

　なぜならば、受注者と関連工事を行なっている企業の間には契約関係がありません。関連工事企業と契約関係があるのは発注者自身であり、故に発注者が調整の責任を負うことになります。

　このように⑦のケースでも請負代金額の変更が認められるべきであり、「無償延長」といった概念が入り込める余地はありません。契約約款の解説書は受発注者が契約条項を適正に解釈するためのいわばバイブルですので、なぜ、こうした不可解な解説をしているのか理解に苦しみます。

22）第22条（発注者の請求による工期の短縮等）

　第22条は、発注者が自身の責に帰す要因で発生した工事遅延を、受注者に

第3章 公共工事標準請負契約約款の分析

指示し、取り戻させる、或いは、短縮させる権利を定めた条項で、以下の内容となっています。

第1項：発注者は、特別の理由により工期を短縮する必要があるときは、工期の短縮変更を受注者に請求することができる。

第2項：発注者は、この約款の他の条項の規定により工期を延長すべき場合において、特別の理由があるときは、延長する工期について、<u>通常必要とされる工期に満たない工期への変更</u>を請求することができる。

第3項：発注者は、前2項の場合において、必要があると認められるときは請負代金額を変更し、又は受注者に損害を及ぼしたときは必要な費用を負担しなければならない。

第1項では発注者が工期短縮を請求することが出来ると規定しており、「特別の理由」は、主に単年度予算等の行政上の理由となります。第2項では「通常必要とされる工期に満たない工期への変更」と表現していますが、発注者は自身に帰責する理由での工事遅延に対しても促進請求権を持つことになります。

第3項では、発注者が工事促進請求をした場合の必要費用を受注者に支払うことを規定しています。

図-13は第20条、第21条、第22条の論理関係を工程表（CPM：Critical Path Method）の形に表したものです。作業A、作業B、作業Cは遅延の許されないクリティカルパス上にあり、3作業のどれが遅延しても工期遅延が発生することになります。

例えば作業Aが発注者に帰責する理由で第20条に従い6カ月間工事中止となったとします。作業A、作業B、作業Cはクリティカルパス上にあるので、作業Aによる遅延は作業Bと作業Cに影響し、作業Aで遅れた6カ月はそのまま工期の遅延となり、受注者は第21条に従い6カ月の工期延伸請求が必要となります。こ

163

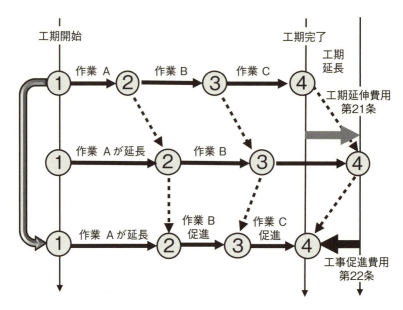

図-13　工程変更に伴う追加費用請求のメカニズム

　の請求に対し、発注者は6カ月の遅延請求を認めたうえで、第22条に従い工事の促進を受注者に請求することができます。

　受発注者の協議の結果、受注者が物理的に短縮できるのは4カ月間であることが分かった場合、受注者は4カ月分の工期短縮費用と2カ月分の工期延伸に伴う費用を請求する権利を得ることになります。もし、受注者が第21条で6カ月の工期延伸請求を行わず、第22条に従う発注者の工事促進要求に応じ、工期に間に合わせる工程表を発注者に提出したとします。

　この場合、受注者は工期延伸と工事促進に関わる両方の費用請求権を放棄したとみなされてしまいます。

　実際の現場では受注者が、第21条に従った工期延伸請求、つまり、工期が遅れるという工程表を発注者に提出することをせず、工事促進を行うのがほとんどで、工程に関する発注者と受注者の権利と責任が曖昧になってしまうケースが多く見られます。

第3章　公共工事標準請負契約約款の分析

　問題は受注者の工程管理に関する認識です。ほとんどの受注者が、工程管理とは完成期日をいかに守るかが目的であり、工程表はその目的で作成するものと考えています。もちろん、この考えは大切ですが、工程表は受発注者の契約的権利と義務を明示したものであることを、しっかりと認識し、作成しなければなりません。契約管理と工程管理については、第4章の「契約管理の実務と実践」で詳しく述べることにします。

　この項では、第22条（発注者の請求による工期の短縮等）について分析してきましたが、国際建設契約約款（FIDIC契約約款）には、発注者に帰責する理由によって発生した遅延に対し、発注者が工事促進請求権を持つという条項はありません。なぜ、発注者の工事促進請求権を定めないのでしょう。理由は、自身に帰責する遅延を、相手に促進せよと要求する権利を設定することは約款の公正性が損なわれるという考えからです。従って、発注者に帰責する理由による遅延に対する工事促進は、発注者の依頼を受注者が受け入れる形で実施されることになります。

　このように条項設定には契約当事者間の公正性の担保が最重要項目となります。

　公共工事標準請負契約約款の解説書（P-209）では第22条に関し、「発注者の行政運営の必要性」から発注者の請求権が設定されたと述べています。つまり、行政運営の効率性を優先した条項設定ということになります。国際約款と日本の約款の条項を分析していくと、こうした条項設定の思想の相違が浮かび上がってきます。

23) 第23条（工期の変更方法）

　第23条は工期の変更方法を定めた条項で第1項は以下のような内容となっています。

　　　工期の変更については、発注者と受注者とが協議して定める。

165

ただし、協議開始の日から〇日以内に協議が整わない場合に
は、発注者が定め、受注者に通知する。
【注】〇の部分には、工期及び請負代金額を勘案して十分な協
議が行えるよう留意して数字を記入する。

条項の〇日ですが、殆どの発注機関が14日としています。

① 「発注者が定め、受注者に通知する」という意味

条項の「発注者が定め、受注者に通知する」という文言ですが、多くの人がこの文言を誤って解釈しています。国際建設契約約款（FIDIC契約約款）にも同様な条文がありますが、これは発注者が最終決定権を持つという意味ではなく、単に、発注者が自身の最終要求内容を受注者に明示するという意味なのです。

受注者は発注者の通知してきた内容に納得がいかなければ受諾する必要はありませんし、拒否しても追加費用と工期延伸請求の権利を失うことはありません。

既に述べましたが、公共工事標準請負契約約款では、受注者の工事中止権を定めた条項は、唯一、発注者の支払い義務不履行だけです。従って発注者と契約紛争状態に陥った場合でも、受注者は工事を止めることができません。受注者が取れる方策は工事を進めながら、あっせん、調停、仲裁といった第三者に紛争解決を付託することになります。第三者に紛争解決を付託するためには「紛争の論点を明らかにする」ことが必要であり、これには紛争相手の最終要求内容を明確に把握することが必要となるわけです。

「発注者が定め、受注者に通知する」という文言は、受注者が第三者に紛争解決を付託できるよう、発注者が自身の最終要求内容を明確にして、受注者に知らせることなのです。

発注者から通知を受けた受注者は、自身の要求を再整理して、第三者に紛争解決を付託する用意が整ったことを発注者に通知することになります。これが受注者に残された道であり、工事を中止する権利を持たない受注者にとって第三者による紛争解決は、自身の権利の正当性を主張する最終砦となるわけです。

第3章　公共工事標準請負契約約款の分析

　しかし、実際の交渉を見ると、受注者側の役員等が「第三者による問題解決は念頭にありませんので、宜しくお願いします」と、発注者に伝えに行くといった状況が見受けられます。これは、契約に基づいた紛争解決は望まないと宣言していることと同じです。

　日本の商習慣としては「もめ事は当事者間で解決する」というのが正道であり、あっせん、調停、仲裁といった第三者に委ねる方法は受け入れ難いものとなっています。

　確かに、第三者に委ねる方法より、当事者間で解決する方が生産的ですが、「紛争解決の透明性」といった面で見ると当事者間の解決は有効な機能を備えていません。「紛争解決の透明性」を担保しながら生産性の高い結果を導き出すにはどうしたらよいのでしょう。その方法は、あっせん、調停、仲裁に進んでも論争に耐える図書を発注者と受注者の双方が作成し、当事者間の協議をしっかりと行うという方法です。このことに関しては第52条（あっせん又は調停）や第53条（仲裁）でより深く分析していくことにします。

②契約変更協議を有効に進めるための方策
　第2項は協議に関する手続きを述べたもので以下の内容となっています。

> 　前項の協議開始の日については、発注者が受注者の意見を聴いて定め、受注者に通知するものとする。ただし、発注者が工期の変更事由が生じた日（第21条の場合にあっては発注者が工期変更の請求を受けた日、前条の場合にあっては受注者が工期変更の請求を受けた日）から〇日以内に協議開始の日を通知しない場合には、受注者は、協議開始の日を定め、発注者に通知することができる。
> 【注】〇の部分には、工期を勘案してできる限り早急に通知を行うよう留意して数字を記入する。

167

この条項では発注者が受注者の意見を聞いて協議開始日を決めるとしていますが、受注者からは、発注者がなかなか協議に応じてくれず、年度末近くになって最後通告があるだけ、といった不満が聞かれます。この意見は受注者自身の契約管理の知識の低さを露見させたものとなります。

　ほとんどの発注機関が条項の「〇日」を7日としていますので、受注者が協議を申し入れた後、7日以内に発注者が協議を開始しない場合は、受注者が発議して協議を開始することができるわけです。

　つまり、協議が開始されない原因は発注者側ではなく、受注者側にあるわけで、受注者が自身の権利を行使していないだけなのです。受注者に求められることは書面で協議開始の申し入れをしっかり行い、協議開始までの7日間の起算日を確定させることなのです。ちなみに、発注者が受注者の協議発議に応じない場合は、契約違反として、第49条の（受注者の解除権）に従って契約の解除通知を受けるといった状況に陥ります。

24）第24条（請負代金額の変更方法等）

　第24条は他の条項で請負代金額の変更が必要と結論付けられた事項に関して、その金額を決定する方法を示したものです。

　この条項は第1項だけが（A）と（B）に分かれていて、これらは第3条（請負代金内訳書及び工程表）の（A）と（B）に連動しています。第24条第1項（A）は以下の内容となっています。

　　　　請負代金額の変更については、数量の増減が内訳書記載の数
　　　　量の百分の〇を超える場合、施工条件が異なる場合、内訳書に
　　　　記載のない項目が生じた場合若しくは内訳書によることが不適当
　　　　な場合で特別な理由がないとき又は内訳書が未だ承認を受けて
　　　　いない場合にあっては変更時の価格を基礎として発注者と受注者
　　　　とが協議して定め、その他の場合にあっては内訳書記載の単価

を基礎として定める。ただし、協議開始の日から〇日以内に協議が整わない場合には、発注者が定め、受注者に通知する。
【注】（A）は、第3条（A）を使用する場合に使用する。「百分の〇」の〇の部分には、たとえば、20と記入する。「〇日」の〇の部分には、工期及び請負代金額を勘案して十分な協議が行えるよう留意して数字を記入する。

　この条項は大変分かり難い内容となっていますので、条文を分解しながら注意深く分析していく必要があります。条項の根幹は請負代金額の変更には、

　　㋐内訳書単価を用いる方法
　　㋑変更時の価格を用いる方法

が適用されると述べていることです。
　㋐の内訳書記載の単価を用いるとしているのは、第3条（A）で受注者に請負代金内訳書及び工程表の提出を求め、発注者がこれを「承認」する内容になっているからです。第3条（A）第3項では「内訳書及び工程表は、この約款の他の条項において定める場合を除き、発注者及び受注者を拘束するものではない」と記しています。第24条（A）は「この約款の他の条項において定める場合を除き」に該当することになり、第3条（A）を使用した場合、内訳書は実質的に「発注者と受注者を拘束するもの」となります。

①第24条第1項（A）の問題点分析

　第1の問題点は「…内訳書が未だ承認を受けていない場合にあっては変更時の価格を基礎として発注者と受注者とが協議して定め、その他の場合にあっては内訳書記載の単価を基礎として定める」という記述です。後半の「単価を基礎として定める」という文言に、「発注者と受注者が協議して定め」という文言が係っていないため、単価数量精算契約のように内訳書の単価をそのまま精算に適用

するかのような条項内容なっています。このように、第24条（A）は、総価一式請
負契約でありながら単価数量精算契約の方法論が適用されるような記述になって
いるため条項を一層分かり難いものにしています。

　第2の問題点は変更時の価格を用いる方法の記述です。これは新単価を定め
るもので以下のケースを述べています。

　　　⑦ 実施工数量の増減が内訳書数量の20％を超える場合
　　　⑦ 施工条件が異なる場合
　　　⑦ 内訳書に記載のない場合
　　　⑦ 内訳書によることが不適当な場合
　　　⑦ 内訳書が未承認の場合

　先ず、⑦の「内訳書によることが不適当な場合です」が、条項では「内訳書に
よることが不適当な場合で特別な理由がないとき」という記述になっています。契
約約款の解説書（P-218）では、「特別な理由がないとき」という文言は⑦だけで
なく、⑦、⑦、⑦にも係るとしていて、「特別な理由」について以下のように説明
しています。

　　　……例えば、資機材の種類によっては、個別な契約ではなくそ
　　　の資材等についての一般的な取引形態において数量が一定以
　　　上増減しても単価が変わらないといった事態を想定している。

　発注者が契約図書に規定しない限り、受発注者間の契約と、受注者と下請
企業、或いは資機材提供者等との契約は関連を持たないものです。「特別な理
由がないか否か」は発注者と受注者の協議事項であり、その都度決定されるべ
きことになりますので、このような記述は不要といえます。

　更に、⑦の「内訳書が未承認の場合」ですが、契約約款の解説書（P-219）
では以下のように説明しています。

170

第3章　公共工事標準請負契約約款の分析

　　……発注者と受注者の意見が合わず承認が行われていない時
　　点で設計図書の変更が行われた場合を想定している。

　この解説は「総価契約単価合意方式」を想定しているのかも知れませんが、
内訳書は、本来、受注者側が自身の工事遂行価格を記したものであり、発注
者は違算や記述間違いがあるかを精査して「承認」することになります。従っ
て、発注者と受注者の意見が合わず承認が行われていないといったことはない
のです。

　このように契約約款の解説書でも第24条の理解が正確ではありません。その
理由は、第24条の持つ契約的論理が錯綜しており、大変分かり難い記述となっ
ているからだと思います。留意しなければならないのは「分かり難い条項は紛争
を作り出す」ということです。

②第24条第1項（B）

　第24条第1項（B）は以下の内容となっています。

　　　請負代金額の変更については、発注者と受注者とが協議して定
　　める。ただし、協議開始の日から〇日以内に協議が整わない場
　　合には、発注者が定め、受注者に通知する。
　　【注】（B）は、第3条（B）を使用する場合に使用する。〇の部分
　　　には、工期及び請負代金額を勘案して十分な協議が行えるよう
　　　留意して数字を記入する。

　このように第24条第1項（B）は単に発注者と受注者が協議するとだけ記したシ
ンプルな記述となっていますが、実際にはほとんどの発注者がこの（B）を使用し
ています。その使用実態に関する調査は後で述べることにして、残りの第2項と
第3項を分析します。第2項と第3項は以下の内容となっています。

171

第2項：前項の協議開始の日については、発注者が受注者の意見を聴いて定め、受注者に通知するものとする。ただし、請負代金額の変更事由が生じた日から〇日以内に協議開始の日を通知しない場合には、受注者は、協議開始の日を定め、発注者に通知することができる。

【注】〇の部分には、工期を勘案してできる限り早急に通知を行うよう留意して数字を記入する。

第3項：この約款の規定により、受注者が増加費用を必要とした場合又は損害を受けた場合に発注者が負担する必要な費用の額については、発注者と受注者とが協議して定める。

このように第24条は3つの副条項で構成されており、「発注者が定め、受注者に通知する」という語彙の解釈や、協議開始に関する受注者側の対応については第23条（工期の変更方法）の分析で述べた通りです。第24条第1項（B）の問題点は、追加費用の協議の基盤が示されていないということです。

追加費用協議を実質的に進めるには協議基盤が必要で、それは「約定工程表」と「請負代金内訳書」となります。第24条（B）は、第3条（B）の使用を前提としています。第3条（B）の第1項では「受注者は、この契約締結後〇日以内に設計図書に基づいて、請負代金内訳書及び工程表を作成し、発注者に提出しなければならない」と記されており、第3条（A）のように発注者の「承認」行為は定めていません。

同時に、第3項で「内訳書及び工程表は、発注者及び受注者を拘束するものではない」と述べていますので工程表と請負代金内訳書の契約的拘束力を全否定した内容となっています。つまり、第24条第1項（B）を使用した場合は、協議基盤がない状態で、追加費用の交渉を行うことになるのです。

③第24条第1項（A）と（B）の使用実態

　都道府県をはじめとした地方公共団体、農林水産省の地方農政局等の契約約款は第24条（B）を採用していますが、これらの約款の第3条では、工程表の提出のみを記し、請負代金内訳書の提出は求めていません。

　これは、第3条（B）の最後にある「発注者が内訳書を必要としない場合は、内訳書に関する部分を削除する」という記述に従ったものと思われますが、追加費用協議が一層困難な状態になっています。

　因みに、この「発注者が内訳書を必要としない場合……」という記述は、平成29年に第3条第2項として「内訳書には、健康保険、厚生年金保険及び雇用保険に係る法定福利費を明示するものとする」という条項が追加されたため、公共工事標準請負契約約款から削除されましたが、地方公共団体等の約款には、未だ、存在しています。

④工程表と請負代金内訳書の実質的位置付け

　工程表や請負代金内訳書は契約的拘束力を持たないので協議基盤にならないのかというとそうではありません。

　東京都の契約約款の第3条（工程表）では「受注者は、設計図書に基づき、速やかに、工程表を作成し、発注者に提出しなければならない」と記されているだけで、公共工事標準請負契約約款の第3条（B）第3項の「内訳書及び工程表は、発注者及び受注者を拘束するものではない」という記述はありません。つまり、請負代金内訳書及び工程表の契約的拘束力を否定していないのです。

　一方、東京都の土木工事標準仕様書（平成26年版）では、用語の定義（6）特記仕様書で「工事施工に関する工種、設計数量及び規格を示した数量表を含む」としています。

　大阪府の土木工事共通仕様書（平成29年版）では「設計図書とは、仕様書、図面（数量総括表を含む）、質問回答書をいう」としており、数量総括表に関しては「工事施工に関する工種、設計数量及び規格を示した書類をいい、図面に含まれるものとする」としています。

これらの記述からすると「工事数量総括表」は契約範囲を明示した図書ということになります。国土交通省の共通仕様書にも、設計図書には「土木工事においては、工事数量総括表を含むものとする」と記されています

「請負代金内訳書」は「工事数量総括表」に単価を書き入れたものですので、内訳書の単価そのものは契約的拘束力を持ちませんが、「工事数量総括表」は契約工事範囲を明示したものであり、ここに記された工種、設計数量及び規格等は契約的拘束力を持つものとなります。

このように、第24条（B）を採用した、地方公共団体等の契約約款でも、「工事数量総括表」に記された工種、設計数量及び規格等を基に追加費用の協議を行うことが可能となります。

ここまで第24条（B）を用いた工事契約約款における「請負代金内訳書」の契約的位置付けに関して分析しましたが、工程表についても明らかにしていく必要があります。先ず、各発注機関が使用している契約約款の第3条の記述内容を分析していくことにします。

政府関連機関の契約約款

先ず、国土交通省以外の政府関連の発注機関ですが、灌漑、圃場整備、林道整備工事等を発注する農林水産省、学校、文化施設工事等を発注する文部科学省、基地等国防施設工事を発注する防衛省、公務員宿舎工事等を発注する財務省、更に鉄道・運輸機構、水資源機構等の工事請負契約約款を調べてみると、全て第3条（B）をそのまま採用していますので、工程表の契約的拘束力を否定した内容となっています。

都道府と主要県の契約約款

■東京都の契約約款（2017年10月改訂版）では、第3条のタイトルが、公共工事標準請負契約約款の第3条（B）のように（請負代金内訳書及び工程表）ではなく、単に（工程表）となっており、受注者に「速やかに」工程表の提出義務を

第3章　公共工事標準請負契約約款の分析

定めています。しかし、工程表の契約的拘束力を否定する項は記されていません。

■愛知県の契約約款（2018年4月改訂版）も同じく第3条のタイトルは（工程表）であり、受注者に工程表を提出することを義務付けているだけで、工程表の契約的拘束力を否定する項はありません。

■大阪府の契約約款（2018年4月改訂版）の第3条のタイトルは公共工事標準請負契約約款の第3条（B）と同じく「工事工程表及び請負代金内訳書」であり、提出期限を「契約締結後5日以内」としています。しかし、第3項は工程表の契約的拘束力を否定する文章ではなく、「発注者は、内訳書及び工程表の提出を受け不適当と認めたときは、受注者と協議するものとする」という文章になっています。この文章からすると発注者は工程表の重要性を認識していることになります。

■北海道の契約約款（2018年4月改訂版）は興味深い内容です。第3条のタイトルは公共工事標準請負契約約款の（B）と同じく（工事工程表及び請負代金内訳書）となっていて、提出期限は契約締結後14日となっています。しかし、第3項では「受注者は、この契約に変更等があり、かつ、発注者から請求があったときは、請求を受けた日から14日以内に変更後の工事工程表を作成し、発注者に提出しなければならない」としており、工事期間中に工程表を重視していくことが記されています。更に、第4項では「工事工程表及び内訳書は、この契約の他の条項において定める場合を除き、発注者及び受注者を拘束するものではない」と記されており、公共工事標準請負契約約款の第3条（A）と同じく実質的に工程表の契約的拘束力を認める内容となっています。

このように東京都、大阪府、愛知県、北海道は工程表の契約的拘束力を否定していません。

175

■福岡県の契約約款（2017年11月現在）は第3条を（工程表）とし、第1項では「契約締結後7日以内」に工程表を提出することを義務付け、第3項で「工程表は、発注者及び請負者を拘束するものではない」と記しています。

■京都府の契約約款（2017年3月現在）は公共工事標準請負契約約款の第3条（B）の「契約締結後14日以内」を「5日以内」と変更し、内訳書と工程表の契約的拘束力を否定する条項が記されています。

主要都市の契約約款
■大阪市の契約約款では第3条が第4条となっており、タイトルは公共工事標準請負契約約款と同じで、提出期限を「契約締結後21日以内」とし、内訳書と工程表の契約的拘束力を否定しています。

■名古屋市の契約約款では第3条のタイトルが（請負代金内訳書、工事着手届及び工事工程表）としており、第1項でこれらの図書の提出を求めていますが、第2項で、発注者が提出を省略することができるとし、第3項で内訳書のみ契約的拘束力を否定し、工程表の契約的拘束力を否定する記述がありません。

道路関連会社の契約約款
　東、中、西日本の高速道路会社は2018年に約款を改定し、第3条の表題を（工程表）から（工事費構成内訳書及び工程表）に変更しています。更に、第3項を北海道の約款と同様に「内訳書及び工程表は、契約書の他の条項において定める場合を除き、発注者及び受注者を拘束するものではない」という文章に変えています。

　このように、各発注機関の第3条での工程表の契約的位置付けは様々で一貫性がありません。これは、基準となる公共工事標準請負契約約款に複数の条項があり、発注機関が選択するようになっているわけですから仕方がありません。

176

第3章　公共工事標準請負契約約款の分析

　視点を変えて、内訳書と工程表の契約的位置付けを実際の契約管理の面から分析してみましょう。公共工事標準請負契約約款の第3条(B)では工程表の契約的位置付けを完全に否定しているわけですが、実質的に内訳書と工程表を契約条項と切り離すことができるのかというと実はそうではありません。

　公共工事標準請負契約約款の第3条(B)以外の条項を分析すると、内訳書や工程表は工期延伸と追加費用の精算に適用することになっています。つまり、内訳書と工程表は実質的に契約的拘束力を持つということになるのです。

⑤契約変更と工程表の関連

　前項で述べたように、第3条(B)では工程表の契約的拘束力を全否定していますが、公共工事標準請負契約約款には工程表が発注者と受注者の契約的権利と義務に直接的に係わってくる条項が多く存在します。以下、その分析をしていきます。

　第2条の(関連工事の調整)における発注者の調整について契約約款の解説書(P-86)では「……請負者が契約当初に期待、想定した、施工日程に影響を与えない範囲内における調整」と述べています。これを行うには工程表が不可欠となります。

　第15条の(支給材料及び貸与品)では、発注者が支給品や貸与品の品質や受け渡し時期を変更する権利を定めており、これらの変更によって受注者の工事遂行に影響が発生した場合、受注者は工期延伸と追加費用の請求権を持つとしています。これらの変更が受注者の工事遂行に影響するか否かの特定には工程表が必要となります。

　第16条の(工事用地の確保等)では、発注者の義務として「受注者が工事の施工上必要とする日」までに工事用地を確保することを規定しており、用地確保が遅れた場合、受注者は第18条第1項四号、五号に基づき工期延伸と追加費用請求の権利を持つことになります。「受注者が工事の施工上必要とする日」は工程表によって見出す以外に方法は有りません。

　第17条の(設計図書不適合の場合の改造義務及び破壊検査等)では、発生

177

した不適合が発注者の責に帰すべき事由の場合、受注者は工期延伸と追加費用請求の権利を持つことになります。しかし、発生事象が工期や費用に影響を及ぼすか否かの分析には工程表が必要となります。

　第18条（条件変更等）では、第1項で述べられている5項目に該当する事象が発生した場合、「必要があると認められるとき」は、受注者側に工期延伸と追加費用請求の権利が発生するとしています。「必要があると認められる」か否かは、当該事象が工期に影響を及ぼす程度を工程表で分析する必要があります。

　工期延伸と追加費用に関連する条項で「必要があると認められるとき」という記述は、第19条（設計図書の変更）、第20条（工事中止）、第21条（受注者の請求による工期の延長）、第22条（発注者の請求による工期の短縮等）、後に分析する第43条（前払金等の不払に対する工事中止）等の条項に記されており、これらの条項にも同じ対応が必要となります。

　更に、第47条の（発注者の解除権）ですが、契約解除事象として第2項に「受注者の責めに帰すべき事由により工期内に完成しないとき又は工期経過後相当の期間内に工事を完成する見込みが明らかにないと認められるとき」という記述が見られますが、「工事を完成する見込みが明らかにない」と断定するには工程表による分析が不可欠となります。

　このように、各条項の内容を分析してみると工程表がなければ実質的に条項が活用できないことが分かってきます。

　工程表は発注者と受注者の契約的権利と義務の特定に必要不可欠なものであり、契約的拘束力を持たないものとすることは契約約款そのものの論理性、さらには信頼性が疑われることになります。このように分析していくと、第3条（B）は建設契約の実態と乖離するものであり、これを削除し、第3条（A）の内容に統一すべきということになります。

⑥ 「約定工程表」の意味

　受注者から発注者に提出され、契約図書に組みこまれる工程表を「約定工程表」と言います。「約定工程表」は当該工事を的確に遂行するために必要な手順

178

と時間を示したものとして発注者と受注者の双方が合意したものとなります。

しかし、第3条（B）を用いた契約では、工程表は契約当事者を拘束しないとしていますので、「約定工程表」は存在しないことと同じになってしまいます。

建設工事では、工事の遂行と共に発注者と受注者の権利と義務が顕在化してきます。「約定工程表」は、発注者と受注者がそれぞれの権利と義務を明確に把握する共有基盤となるわけですが、第3条（B）を用いた契約ではその基盤がない状態で工事が遂行されることになります。

本書の冒頭に述べましたが、建設の生産活動は発注者の機能と受注者の機能が結びついて動くもので、こうしなければ「製品」を生み出すことが出来ません。

公共工事標準請負契約約款は設計施工分離の工事執行形態を前提として作られていますので、発注者は自身が行った地質等の各種調査や、これらに基づく設計、そして仕様設定等が工事の遂行実態と適合しているか否かを常に見届ける責任があります。

公共事業の「真の発注者」は納税者であり、発注者は納税者から委託を受けて事業を遂行する役割を担うわけです。

つまり、発注者は、「総価一式請負契約は受注者の責任施工が原則であり、発注者に生産過程の責任はない」と言える立場ではないのです。受注者も同様にいつでも納税者に工事の遂行過程を見せる責務を負っています。

こういった公共事業の執行特性からすると、民法の「請負」の概念をそのまま適用し、工程表や工事内訳書は発注者と受注者を拘束しないと言い切ることは論理的にも無理であることが明らかになってきます。

⑦追加費用への落札率適用問題

現在、第24条（請負代金額の変更方法等）に基づく追加費用精算において受注者にとって大きな問題が発生しています。それは算出された追加費用に「落札率」を乗じるという問題で、受注者の収支を悪化させる一因になっています。

大半の発注者がこの方法を用いていますが、結論を先に述べると、追加費用に「落札率」を乗じることに契約的根拠はありません。従って、受注者はこれを

拒否することができます。

　以下、その論拠を述べていきます。

　「落札率」は「契約金額」を「予定価格」で除したものです。「契約金額」は契約書に記されますので、契約的拘束力を持ちます。一方、「予定価格」は、契約図書（契約書、公共工事標準請負契約約款、設計図書）の何処にも記されていません。従って、「予定価格」は契約論の範疇には入りません。

　「予定価格」は会計法や予算決算及び会計令に記されていますが、これらの法令は国家機関を羈束(きそく)するものであり、契約の私法上の効果には影響を及ぼさないという裁判判例が既に出されています。（参照：碓井光明著『公共契約法精義』篠山社出版）。

　さて、「落札率」ですが、これも契約図書の何処にも記されていません。

　多くの発注者が追加費用の算出に「落札率」を乗じることは『工事積算基準』で定められていると述べています。しかし、『工事積算基準』は発注者側の基準図書であり、契約図書には含まれませんので、この主張も契約論の範疇では正当性を持つものとはなりません。

　このように、「落札率」、「予定価格」、そして、その算出根拠となっている『工事積算基準』も、契約論の範疇には入らないものであることは明白であるのに、なぜ、発注者は落札率を適用しようとするのでしょう。

　図-14は追加費用に「落札率」を適用する論理を整理したもので、発注者は以下の論理でその正当性を主張しているものと考えられます。

　　㋐「契約価格」は当該受注者が競争入札で示した工事遂行可能な「限界値」である。

　　㋑「予定価格」は「標準値」として発注者が自身の積算基準に基づき算出した価格である。

　　㋒「契約価格」を「予定価格」で除したものが「落札率」。

　　㋓追加費用を「官積算」、つまり、発注者の積算基準に基づき算出した場合、算出価格は「標準値」であり、受注者が限界値で工事をすることを約

第3章　公共工事標準請負契約約款の分析

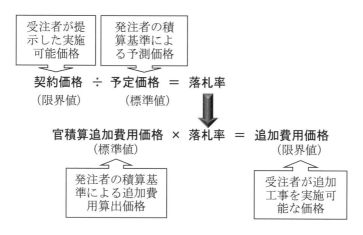

図-14　追加費用への落札率適用の論理図

束したのだから、標準値の価格を受注者に支払うわけにはいかない。
㋖この金額に落札率を乗じて受注者が示した限界値のレベルに戻し支払うべきである。

　この論理は一見、説得力を持つように思われますが、契約論理に則したものではありません。
　第1に、この論理は追加費用を「官積算」で算出することを前提にしています。契約約款第24条（A）では追加費用は変更時の価格か、工事内訳書記載の単価に基づいて算出するとしており、「官積算」の適用については何も記していません。
　本来、請求金額は請求側が算出するものであり、その際に発注者が自身の積算値に従うことを強要するものではありません。**図-14**からすれば、追加費用を「官積算」ではなく、受注者が実質的に必要な費用（実費）で算出し請求した場合、落札率適用の論理は不用となることは明らかです。
　第2に、総価一式請負契約とは本来、発注者が示した工事範囲を、約束した金額と期間内で完成させるものであり、受注者には契約時にその要求に応じ

る方法論が定まっているという前提で結ばれています。

このように、総価一式請負契約は当初契約になかった工事を同じ条件で遂行することを約束する契約ではありません。もちろん、受注者には目的物の完成に必要な追加工事であれば、これを遂行する義務はありますが、この場合は、追加工事請求時の実態に則した条件と金額で発注者の要求に応えることを前提にしているのです。これが第24条（A）に記されたことなのです。

以上、分析したように追加費用に「落札率」を乗じるという方法は契約論理に適合するものではありません。

留意すべきは、この問題は、発注者側の方針変更だけでは解決しないということです。抜本的解決策には発注者だけでなく受注者側の意識改革が必須となります。発注者に算出してもらった追加費用額を基に協議を行うという従来のやり方を改め、受注者が実態を明確に示す状況証拠や記録を確保し、これを基に契約条項に則り自身で適正な費用を算出し請求していくことが必要です。

これが契約管理ということになるのですが、その具体的方法論に関しては順次述べていくことにします。

⑧落札率適用を規定した契約

発注機関が追加費用精算に落札率を掛けることを特記仕様書に記載する、さらに、契約時にこの条件を受け入れる誓約書を受注者に提出させるといったケースが見受けられます。

特記仕様書は「契約図書」であり、誓約書も契約的拘束力を持つものですので、追加費用精算に落札率を掛けることが契約条件となるわけです。こういった契約条件を組み入れることの正当性ですが、これは公共工事標準請負契約約款の根幹を歪めるものであり、早急に改めるべきです。

建設業法の第18条（建設工事の請負契約の原則）では以下のように述べています。

建設工事の請負契約の当事者は、<u>各々の対等な立場における</u>

第3章　公共工事標準請負契約約款の分析

　　<u>合意に基いて公正な契約を締結し</u>、信義に従って誠実にこれを
　　履行しなければならない。

　このように建設業法では、公正な契約の締結が必須条件であり、片務性のある契約を締結してはならないと述べています。

　公共工事標準請負契約約款は昭和25年に制定され、以来、現在に至る約70年間に15回改定が行われています。これらの改定は建設業法の第18条を遵守し、社会の変化を勘案しながら、片務性を是正するためのものでした。こういった努力と作業によって日本の公共工事標準請負契約約款は世界的にも極めて公正な建設契約約款となっています。

　追加費用に落札率を掛けるという論理は、先に述べたように、発注者側の積算基準を基に追加費用を算出した場合に適用されるものとなります。この論理からすると、追加費用に落札率を掛けるという契約条件は、追加費用精算には発注者側の積算基準を適用することを受注者に強いるものとなります。これは建設業法で定める公正な契約の締結ではなく、明らかに片務条項となります。

　改めて述べるまでもなく、公的発注機関や公的資金を用いて事業を行う発注者が建設業法の「請負契約の原則」を逸脱する行為をすることは許されません。発注者はなぜこうした条件を組み入れようとするのでしょうか。

　こうした条件を組み込む背景には、自身の積算基準の正当性、信頼性を示すことが会計検査対応として必要という考えがあると思われますが、これは会計法対応のために契約の公正性が阻害されるということであり、本末転倒と言わざるを得ません。

　そもそも、発注者側の積算基準は予算額、すなわち「標準値」を見出すものです。実際に発生している追加費用をわざわざ「標準値」の算出方法をもって推測するという方法より、「実費」をもって特定する方がはるかに正確なものになることは明白です。

　会計検査ではこの論理がなかなか理解されず、「実費」を実際値として捉えず、意図的なものとして捉える傾向があるという意見が聞かれます。しかし、こ

183

れはどの国の会計検査でも同じであり、支出を実際値としてしっかり説明し、理解を得ることが適正な会計検査の対応なのです。

　追加費用が実際値であることを証明するのは、請求する側の受注者であり、状況証拠や記録を確保し、これを基に契約条項に則り自身で適正な費用を算出し請求していくことが必要となります。こうした内容を伴わない請求に対しては、支払いはしないというのが建設契約の基本なのです。

　このように分析していくと、発注者が算出した追加費用額を基に受発注者が協議して合意していくやり方では、会計検査での適正な論議は望めないことが明らかになってきます。

⑨落札率が関係する裁判事例

　2010年頃であったと思いますが、ある地方検察庁の検察官が大学に来られ、筆者はその検察官から追加工事費に落札率を乗ずることの正当性について意見を求められました。検察官の話によると、管轄内の県が発注した公共工事に関わる事件を扱っており、その事件の発生要因が追加費用への落札率適用に深く関連しており、その正当性の有無が事件に関係した人物を起訴するか否かを決める大きな要因となる。このため、色々な専門家に意見を聞いているのだが自分が納得できる状態に至っていない、とのことでした。彼の質問に関し、筆者は以下のように説明しました。

　商店が、通常は1箱300円のティッシュペーパーを1名3箱までは260円で販売するというキャンペーンを行ったとします。3箱ティッシュペーパーを買った人がさらに2箱欲しいので、同価格の260円で売れと要求した。商店はこの要求を受け入れる義務がありますか。総価一式請負契約における追加費用への落札率適用はこの要求と同じ論理となります。

　検察官はこの説明を聞き、微笑みながら大変分かり易い説明ですね、しかし、なぜ、落札率適用といった不可解な論理が公共工事に存在し続けるのか理解し難いと言われました。筆者は、その根幹原因は公共工事の実態と会計法の乖離にあることを説明しました。検察官は大変良い勉強になりましたと言って

帰られました。後日、彼から事件は内部で検討した結果、不起訴とすることになったと連絡がありました。

この事件の経緯と結末からすると、追加費用への落札率適用を裁判で争った場合、正当性がないという判決が下される可能性が高いということになります。

先に述べたように、追加費用を発注者の積算基準に基づき算出した場合、それは「標準値」であり、受注者が限界値で工事をすることを約束したのだから、標準値で受注者に支払うわけにはいかないという主張を発注者が交渉手段として使うことは自由ですが、この論理を受注者側に強いることはできません。

既に何度か述べてきましたが、競争入札によって決まった契約金額とは、受注者が、契約範囲の仕事を行うために必要な金額を、自身が行なえる限界値の工事単価で構成したものとなります。言い換えれば、受注者が発注者と約束した工事単価とは、契約範囲の仕事を行うという前提で定めたものであり、契約範囲外の仕事まで同じ単価で行うという前提で算定されたものではありません。

図-15はこの原理を示したもので、他の先進諸国では既定論理となっています。つまり、競争入札による契約金額を構成する工事単価は、上述の商店のキャンペーン価格と同じ状態のものとなるわけです。

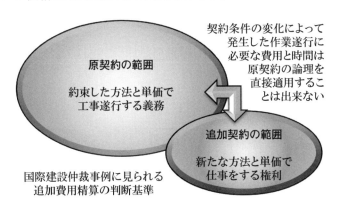

図-15　建設契約における追加費用精算の概念

⑩総価一式請負契約と落札率

　公共工事標準請負契約約款の第1条第2項は「受注者は、契約書記載の工事を契約書記載の工期内に完成し、工事目的物を発注者に引き渡すものとし、発注者は、その請負代金を支払うものとする」と記されています。つまり、建設工事における総価一式請負契約とは、受注者が、工期内に施設の完成に必要な仕事を完了させ、発注者がその対価を支払う形となります。この原理に従い、施工のみを対象とした総価一式請負契約を考えてみましょう。

　この形態は、発注者が施設の完成に必要な各種作業（工事範囲）と完成期間（工期）を定め入札に付し、要求品質と工期を守るための最適な方法と価格を提示した者を選択するものです。このように、施工のみを対象とした総価一式請負契約は、発注者が定めた範囲の仕事を受注者が工期内に契約額で完成することであり、当初設定した範囲にない作業は契約対象外となります。

　問題は発注者が示す工事範囲をどの様にして特定するかですが、それは「契約図書」を構成する「設計図書」に含まれる「工事数量総括表」となります。「工事数量総括表」は発注者が作成した図書であり、自身が求める契約対象作業項目とその数量を示したものとなります。従って、「工事数量総括表」に記されていない仕事は契約範囲外の仕事ということになるわけです。

　契約範囲外の仕事が必要となった場合はどうするかですが、「変更契約」を行うか、「追加契約」を行うことが必要となります。

　この実態からすると、「設計変更」や「契約変更」とは、元契約では想定していなかった、または含まれていない事象が発生したことを発注者が認めたということになります。

　契約範囲外の工事であることを認める一方で、それを元契約と同条件で行うことを強要するのは契約論理から逸脱した主張であることは明らかです。

　先に、商店の売出しを例にして追加費用への落札率適用の非論理性を検察官に説明したことを記しましたが、再度この例を考えてみましょう。

　「商店が、通常は1箱300円のティッシュペーパーを一人3箱までは260円で販売するという売出しを行った」というのは受注者が入札時点で提示した内容であ

第3章　公共工事標準請負契約約款の分析

り、「客が3箱買った」というのは受発注者間の契約が成立したということを意味します。「さらに2箱欲しい」というのは変更工事や追加工事に該当し、追加費用への落札率の適用は「売出し価格の260円で売れと要求する」ことと同じ理屈になるわけです。

　契約に関わる論理は難しいものではありません。このような身近な事例から分析してみると、一見論理的と思われる追加費用への落札率適用が契約論理から逸脱したものであることが理解できます。

　ここで追加工事に関する受注者の義務について整理しておきましょう。

　追加工事には2つのタイプがあります。第1は「契約対象施設の機能を満たす」ために必要とされる追加工事であり、第2は「契約対象施設の機能充足とは直接関係を持たない」追加工事です。

　発注者から第1のタイプの追加工事遂行を要求された場合は、物理的に不可能でない限り受注者はこれを行う義務があります。しかし、第2のタイプの場合は、受注者に遂行義務はなく、これを受けるか否かは受注者自身が決めることになります。

　例を述べると、家の建設において、発注者から急遽両親と同居することになったので1室増やしたいと要求があった場合は第1のタイプの追加工事とみなされますが、両親用に敷地内に別棟を建てたいという要求は第2のタイプの追加工事となります。このように受注者は全ての追加工事を行う義務を負っているわけではありません。

⑪発注者の標準積算基準書

　2012年版までの国土交通省の『土木工事標準積算基準書』には全ての追加費用へ落札率を適用する記載がありました。しかし、2012年版以降では、新規工種(工事数量総括表に明示されていない工種)には落札率を適用しないとしていますが、変更工種(工事数量総括表に明示された工種の内容を変更したもの)には落札率を適用する記述になっています。

　一方、2018年時点で見ると、国土交通省以外の大半の発注機関の積算基

187

準書は、全ての追加費用への落札率適用を規定しています。

　積算基準書は契約図書に含まれておらず、発注者側の内規図書ですから契約的には受注者がその記述内容に従う義務はありません。

　既に分析したように追加費用への落札率適用は契約的論拠がなく、追加費用の算定に落札率を適用することは受注者の収支を悪化させる可能性が高いことは明らかです。従って、追加費用への落札率適用は、改定品確法の「発注者の責務」に定めた「公共工事を施工する者が、…（中略）…適正な利潤を確保することができるよう」という内容に反することになります。

　なぜ、発注機関は追加費用への落札率適用を堅持しようとするのでしょう。元請企業が下請企業と価格交渉をする場合は可能な限り安価に工事をさせることが交渉目的となりますが、公的発注者の場合は、自身の積算基準書の正当性を守るといった理由の方が重要になってきます。これは日本の公共工事の特性といっていいでしょう。

　公的発注機関の積算基準書の基本形は、国土交通省が高精度の事業予算を算出できるように編纂したものであり、他の国では見られない極めて精緻な内容となっています。その編纂には多大な時間と労力が注ぎ込まれ、維持管理にもエネルギーが必要となっています。事業予算算出の精度は予算要求や会計検査において極めて重要であり、発注機関は自身の積算基準書の精度の高さを主張することになります。事業予算に予備費の確保が許されていない日本では、特に、この主張が必要となってきます。

　こうした理由から、契約条件の変更に伴う追加費用の算出も、自身の積算基準書で算出した方が適正であるという主張が発注者に生まれてくるのだと思います。

　問題は発注者の主張の主目的が受注者との交渉、つまり契約に基づいた論理ではなく、予算請求や会計検査に対応するための発注者側のみの論理から生まれていることです。

　追加費用への落札率適用は、「官民間の理論」に「官官間の論理」を持ち込むと契約の公正性が損なわれるという顕著な事例といってよいでしょう。いずれにしても、追加費用への落札率適用は契約的論拠がないわけですから、このやり

第3章　公共工事標準請負契約約款の分析

方は改めなければなりません。

25）第25条（賃金又は物価の変動に基づく請負代金額の変更）

　第25条は工事遂行中に賃金や資機材価格が変動した場合に契約金額を変更することを定めた条項で、第1項は以下の内容となっています。

　　　　発注者又は受注者は、工期内で請負契約締結の日から12月を
　　　経過した後に日本国内における賃金水準又は物価水準の変動に
　　　より請負代金額が不適当となったと認めたときは、相手方に対し
　　　て請負代金額の変更を請求することができる。

　この条項は「スライド条項」や「インフレ条項」と呼ばれていますが「物価変動条項」と呼ぶべきです。第1項の主語は「発注者又は受注者」となっており、物価が上昇した場合の増額だけでなく、物価が低下した場合、発注者が減額要求を行うことになります。
　この条項の適用条件は、契約締結後1年間が経過した後、賃金や物価水準が変化した場合となり、調整対象は日本国内の人件費や資機材費であり、建築工事に使用する石材パネル等の海外調達品は対象外となります。
　第2項は以下の内容です。

　　　　発注者又は受注者は、前項の規定による請求があったときは、
　　　変動前残工事代金額（請負代金額から当該請求時の出来形部
　　　分に相応する請負代金額を控除した額をいう。以下この条にお
　　　いて同じ。）と変動後残工事代金額（変動後の賃金又は物価を基
　　　礎として算出した変動前残工事代金額に相応する額をいう。以
　　　下この条において同じ。）との差額のうち変動前残工事代金額の
　　　1000分の15を超える額につき、請負代金額の変更に応じなけれ

189

ばならない。

　このように、発注者又は受注者が請負代金額の変更協議を申し出ない限り条項の適用はありません。また、適用を申し出た期日以前に終了した工事部分は適用外となり、変動額のうち1.5%を超えた部分を変更対象としています。つまり変動幅が2%あっても0.5%しか変更対象としないということになります。1.5%の適用対象外枠設定の経緯は後に詳しく述べますが、国際建設契約約款（FIDIC契約約款）の物価変動調整条項にはこういった条件はありません。
　第3項は以下の内容となっています。

　　　変動前残工事代金額及び変動後残工事代金額は、請求のあっ
　　　た日を基準とし、（内訳書及び）
　　　（A）［　　］に基づき発注者と受注者とが協議して定める。
　　　（B）物価指数等に基づき発注者と受注者とが協議して定める。
　　　ただし、協議開始の日から〇日以内に協議が整わない場合に
　　　あっては、発注者が定め、受注者に通知する。
　　　【注】（内訳書及び）の部分は、第3条（B）を使用する場合には
　　　削除する。
　　　（A）は、変動前残工事代金額の算定の基準とすべき資料につ
　　　き、あらかじめ、発注者及び受注者が具体的に定め得る場合に
　　　使用する。［　］の部分には、この場合に当該資料の名称（たとえ
　　　ば、国又は国に準ずる機関が作成して定期的に公表する資料の
　　　名称）を記入する。
　　　〇の部分には、工期及び請負代金額を勘案して十分な協議が
　　　行えるよう留意して数字を記入する。

　このように（A）は公的機関の発行する資料を予め特定し物価変動実態を特定する条項内容となっています。一方、（B）は「物価指数等に基づき」と述べてい

第3章　公共工事標準請負契約約款の分析

るだけです。

　問題は、国土交通省の地方整備局をはじめとしてほとんどの発注機関が(B)を採用していることです。この場合、変動金額交渉は起算日や算定基盤の確定から行わなければならず、発注者及び受注者によって交渉方法が大きく変わり、契約の公平性や客観性が損なわれる要素を秘めています。第4項は以下のとおりです。

　　　第1項の規定による請求は、この条の規定により請負代金額の変更を行った後再度行うことができる。この場合において、同項中「請負契約締結の日」とあるのは、「直前のこの条に基づく請負代金額変更の基準とした日」とするものとする。

このように、複数回の契約金額変更が可能となります。
第5項では以下のように定めています。

　　　特別な要因により工期内に主要な工事材料の日本国内における価格に著しい変動を生じ、請負代金額が不適当となったときは、発注者又は受注者は、前各項の規定によるほか、請負代金額の変更を請求することができる。

このように第5項では、全般的な価格変動だけでなく、セメントや鉄筋等の主要工事材料の価格変動にも対応することが定められています。
第6項は以下の通り特別な経済変動への対応も規定しています。

　　　予期することのできない特別の事情により、工期内に日本国内において急激なインフレーション又はデフレーションを生じ、請負代金額が著しく不適当となったときは、発注者又は受注者は、前各項の規定にかかわらず、請負代金額の変更を請求すること

ができる。

　このように物価変動条項は、「全般的な変動」、「主要工事材料の価格変動」、「急激な経済変動」の3ケースに対応することになります。第7項と第8項は以下の内容となっています。

　　　第7項：前2項の場合において、請負代金額の変更額については、発注者と受注者とが協議して定める。ただし、協議開始の日から〇日以内に協議が整わない場合にあっては、発注者が定め、受注者に通知する。
　　　　　　【注】〇の部分には、工期及び請負代金額を勘案して十分な協議が行えるよう留意して数字を記入する。
　　　第8項：第3項及び前項の協議開始の日については、発注者が受注者の意見を聴いて定め、受注者に通知しなければならない。ただし、発注者が第1項、第5項又は第6項の請求を行った日又は受けた日から〇日以内に協議開始の日を通知しない場合には、受注者は、協議開始の日を定め、発注者に通知することができる。
　　　　　　【注】〇の部分には、工期を勘案してできる限り早急に通知を行うよう留意して数字を記入する。

　この第7項と第8項は物価変動調整に関する受発注者間の協議方法を定めたものですが、内容は既に述べた第23条（工期の変更方法）や、第24条（請負代金額の変更方法等）と同じです。

①第25条の適用経緯と契約条項変更の基本原則
　ここで、第25条の物価変動条項の適用経緯と、その基本原理を整理しておきましょう。

第3章　公共工事標準請負契約約款の分析

　1973年10月に第4次中東戦争が発生し、石油輸出国機構（OPEC）の中東6カ国が1バレル3ドルであった原油価格を5ドルに引き上げ、さらに2カ月後の1974年1月に11ドルに引き上げたのです。その影響で、大半の石油を中東諸国から輸入していた日本は消費者物価指数が23％も上昇し「狂乱物価」と呼ばれる状態に陥りました。いわゆる「第1次オイルショック」の発生で、建設資機材も大きく値上がりし、公共工事の契約金額の見直し要求が起こり、民間工事でも同様な動きが広がりました。

　このように、物価変動による契約金額の変更は「第1次オイルショック」の「狂乱物価」を契機に行われるようになりました。1979年のイラン革命で再び原油価格が高騰し、「第2次オイルショック」が発生して建設資機材価格が急騰したため、特定材料の価格変動による調整を行うようになったのです。

　日本土木工業協会（2011年4月に日本建設業連合会に統合）が編纂した『日本土木建設業史II』の「第1章　混乱と復興の時代」には、物価変動による契約金額の変更条項は1950年の公共工事標準請負契約約款（1972年の改定までは「建設工事標準請負契約約款」）の制定当初から存在していたことが記されていますが、本格的な適用はこの時期までなかったようです。

　また、特定資機材の価格変動による調整は建設業界からの強い要請で中央建設業審議会が動き、特例処置として行われたもので、第25条第5項は1981年の約款改定時に定められたと記されています。つまり、第5項は後付けされたものということになります。

　このように、第25条（当時は第21条）は「狂乱物価」への対応という、緊急対応策として動き出したもので、契約した時点での事情が変化すれば契約内容も変える「事情変更の原則」といった当該条項適用の根幹議論が受発注者間でなされることはなかったのです。

　さて、その根幹議論ですが、契約を専門とする法学者であり、当時、中央建設業審議会委員であった内山尚三法政大学教授の著書『現代建設請負契約法』（一粒社）には、内山教授らが価格変動による調整条項の導入を契機に、日本においても「事情変更の原則」をしっかり契約の中に組み込むべきであるとの

193

意見を述べていたことが記されています。

　フランスやドイツ等では、既に第1次世界大戦後の経済混乱時に、現在の国際建設契約約款（FIDIC契約約款）の根幹論理となっている「不予見性の論理」といった「事情変更の原則」と同義の原則が契約に適用されるようになっていました。しかし、日本ではごく一部の学者の間で議論されるだけで、受発注者がその重要性を認識する動きは見られず現在に至っています。

　現在、日本の民法では「事情変更の原則」に関する一般的規定は存在しませんが、借家や借地契約等にはこの原則に基づく規定があります。この原則は長期契約で、かつ不確定要素を多く含む建設契約においては極めて重要なものであり、第18条等、契約変更に関連する条項の基礎論理にもなっています。

　建設契約の根本原理は標準契約約款の条項を読んだだけでは分かりません。公共工事標準請負契約約款の解説書を読むことは必須条件ですが、更に踏み込んだ勉強が必要となります。

　建設事業における真の「公平と公正」は、建設事業に携わる人達が「事情変更の原則」といった建設契約の原理・原則を学び知識を深めていくことによって現実のものとなってきます。

②FIDIC契約約款の物価変動調整条項

　物価変動条項について国際建設契約約款（FIDIC契約約款）ではどの様になっているのかを分析していくことにします。

　「国際コンサルティングエンジニア連盟：FIDIC」が作成している建設契約約款は世界銀行、アジア開発銀行（ADB）、日本の国際協力機構（JICA）など、世界の主だった公的融資機関が採用しており、事実上の国際建設契約の標準約款として広く使用されています。

　「国際コンサルティングエンジニア連盟」は1913年に欧州で設立されたコンサルティングエンジニアの組織です。独立と中立の立場を保持する民間組織で、様々な建設契約形態の約款を作成しています。

　その中で基本形となっているのが、通常、設計施工分離の工事に適用される

単価数量精算契約約款（通称Red Book）です。
　この約款にも日本の公共工事標準請負契約約款の第25条に該当する条項があります。それは第13.8条（物価変動調整：Adjustments for Changes in Cost）で、この条項には図-16に示す式が記されています。この算定式を分析していきましょう。

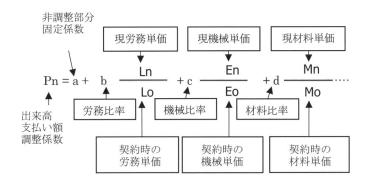

図-16　FIDIC契約約款の物価変動条項内容

　「Pn」は出来高支払い額の調整係数で、「n」は出来高請求対象工事を行った月を示す数字。
　「a」は非調整部分固定係数。「b」、「c」、「d」は労務比率、機械比率、材料比率。
　「Lo」、「Eo」、「Mo」は基準日（通常、入札日の1カ月前）における労務、機械、材料の価格。
　「Ln」、「En」、「Mn」は出来高請求対象工事を行った月の労務、機械、材料の価格。
　この式に適用する労務、機械、材料の価格は契約図書に定められた基盤資料（通常は公的資料）に記された労材機の指定項目の価格（通常、複数の項目を指定し、その平均値）となります。

基盤資料となる公的データ資料が無い国では、発注者と受注者が労材機の項目とこれらを調達できる複数の企業（通常、3企業程度）を指定し、これらの企業から毎月見積りを提出してもらう方法をとります。通常は、こうして算出した係数を工事開始直後の出来高から適用し支払額を決定することになりますので、日本の約款のように12カ月間の据え置き期間の定めはありません。また、1.5%といった適用対象外枠の定めもありません。

　先に述べたように、調整係数は工事開始直後の出来高請求から適用されるので、物価変動調整の起算日を確定する協議は不要となります。また、公共工事標準請負契約約款の第25条では、物価変動調整を、

　　㋐全般的な変動
　　㋑主要工事材料の価格変動
　　㋒急激な経済変動

の3ケースとしていますが、上述のFIDIC契約約款の式を使用すると、こうした区分も不必要となります。

　つまり物価変動調整に関する受発注者間の協議は指定項目の価格確認のみとなるわけです。

　因みに、出来高額の調整係数は、出来高支払いに適用されるものであり、追加工事や契約条件変更等による追加費用には適用されません。これらの追加費用は、事象発生時点での価格で算出されるからです。

　このように、算定式による物価変動調整方式は受発注者だけではなく資金提供者や納税者にとっても分かり易く、公共工事の透明性の向上に繋がり、日本でも早期に導入することが望まれます。

　そもそも公共工事の透明性向上は、受発注者間の交渉方法を明確にすることであり、現状のように「両者協議」では、国民はルールの不明確な競技を観戦していることと同じ状態になります。

　さて、日本の契約約款にある物価変動調整の据え置き期間と適用対象外枠

ですが、『日本土木建設業史Ⅱ』の「第3章 列島改造論とオイルショック」には、据え置き期間は24カ月間、適用対象外枠は3%であったが、1981年の約款改定で、それぞれ12カ月と1.5%に変更され、1.5%は長期にわたる工事を手掛ける資本金10億円以上の企業の経営指数を基に定めたと記されています。

こうした適用条件の設定は、総価一式請負契約は結果を求めるもので、経過は対象外という論理からと思われますが、日本の建設産業は資本金10億円以上の企業が0.3%程度しかなく、公共工事の大多数が1年以内の工期です。また、物価変動の内、「全般的な変動」はまだしも、「主要工事材料の価格変動」や「急激な経済変動」を入札時に予測することは不可能です。

こうした実態からすると、据え置き期間や適用対象外枠の設定は、実質的に「事情変更の原則」が機能しない状態を作り出していることと同じになります。

公共工事標準請負契約約款は制定後、何度も改定が行われており、先人たちがより良い約款を追求してきた歴史があります。第25条の分析で述べたように、産業の実態と「建設契約の原則」から条項を分析し、改定していくことが求められているのです。

26) 第26条（臨機の措置）

東日本大震災、熊本地震、広島・呉土砂災害、北海道地震と、この数年、立て続けに大きな災害が発生しており、災害復旧対応は喫緊の問題となっています。第26条は工事期間中に発生する災害等の予期せぬ出来事に対応する条項です。

第1項は受注者が災害等への臨機の措置を行う義務を規定しており、以下の内容となっています。

> 受注者は、災害防止等のため必要があると認めるときは、臨機の措置をとらなければならない。この場合において、必要があると認めるときは、受注者は、あらかじめ監督員の意見を聴か

ければならない。ただし、緊急やむを得ない事情があるときは、
この限りでない。

第2項は受注者の報告義務を規定しています。

前項の場合においては、受注者は、そのとった措置の内容を監
督員に直ちに通知しなければならない。

第3項は監督員の指示権を定めています。

監督員は、災害防止その他工事の施工上特に必要があると認
めるときは、受注者に対して臨機の措置をとることを請求するこ
とができる。

最後の第4項は以下の内容となっています。

受注者が第1項又は前項の規定により臨機の措置をとった場合
において、当該措置に要した費用のうち、受注者が請負代金額
の範囲において負担することが適当でないと認められる部分につ
いては、発注者が負担する。

このように、第4項では臨機の措置に対する受注者の追加費用請求権を定め
ています。この条項の「請負代金額の範囲において負担することが適当でない」
という状態を考えてみましょう。
　現場の近くを流れる川に洪水の発生が懸念される場合、受注者が自身の現場
を守るためにとった措置は、通常、「請負代金額の範囲」と理解されます。しか
し、第3項に従い監督員の要求で地域を守るために堤防の補強を行った場合等
は「請負代金額の範囲外」となります。

198

第3章　公共工事標準請負契約約款の分析

①災害時の地域保全措置

　現場では、受注者が自身の現場だけでなく地域を守るための措置を行うケースが多く見られますが、こういった場合、契約的にどのようになるのかを分析していきましょう。

　受注者は地域を守るための措置を取る場合、発注者に対し、当該措置は第一義的に地域保全であり、「請負代金額の範囲外」であることを事前に通知する必要があります。

　発注者がこの主張を否定した場合、受注者は自身の現場を守るために必要な措置のみを行えばよいことになります。従って、受注者が発注者の拒否を知りながら地域保全措置を行った場合は契約に基づくものではなく、自由意思での「ボランティア活動」ということになります。

　第3項に記されているように、災害時の地域保全措置は発注者がその必要性を判断し、いつでも受注者に指示することができ、物理的に不可能といった特別な理由がない限り、受注者はこの指示を拒否することはできません。

　このように、第26条では災害時に地域保全措置を行うか否かを発注者が自身の意思で定めるとしており、発注者が地域保全措置を行うことを受注者に指示した場合は第3項に従った指示と判断されることになります。実際には、発注者が地域保全措置を指示しておきながら「請負代金額の範囲外」であることを認めないといったケースが見られますが、これは契約的には許されません。

②第26条を活用した災害対応

　近年、国土交通省の地方整備局や地方公共団体が、災害発生時に迅速な対応が出来るように、建設企業と「事業継続計画（BCP）」といった枠組みで事前協定を結ぶ動きが見られます。

　BCPはBusiness Continuity Planの略であり、企業自身が災害発生に遭遇した場合、生産活動を止めることなく活動して行くための計画ですので行政側の災害対応活動とは一線を画すものです。

　行政がBCPを災害対応協定と結び付けたのは、災害復旧には建設企業の協

199

力が不可欠であり、建設企業の事業継続体制の確立が必須条件となるという論理と思われます。しかし、協定だけでは契約関係がないため、受注者が業務対価を請求することができません。

　各地の公的発注機関は年間に多くの工事を発注しており、当該地域で動いている工事の契約を活用する方法がより現実的となります。具体策は第26条を適用して緊急時の地域保全策を実施することです。この方法は、支払い条件の定かでないBCP活用協定よりも実践的なものとなります。

　課題は事業目的を越えた予算の使用となりますが、的確かつ迅速な災害復旧策として国家レベルで議論し、災害復興準備金の確保といったシステムを確立しておけば対応できる話です。

　国際建設契約約款（FIDIC契約約款）でも第26条と同様な条項があり、多くの国々が災害時にこの条項を適用して迅速に対応する方法をとっています。

27）第27条（一般的損害）

　第27条は工事目的物に発生した損害に関する受発注者の責任を定めたもので以下の内容となっています。

> 工事目的物の引渡し前に、工事目的物又は工事材料について生じた損害その他工事の施工に関して生じた損害（次条第1項若しくは第2項又は第29条第1項に規定する損害を除く。）については、受注者がその費用を負担する。ただし、その損害（第51条第1項の規定により付された保険等によりてん補された部分を除く。）のうち発注者の責めに帰すべき事由により生じたものについては、発注者が負担する。

　この条項の「発注者の責めに帰すべき事由」は、発注者側の行った設計や仕様の内容、指定工法、指示等によって発生した場合となります。条文にある第

第3章　公共工事標準請負契約約款の分析

51条は受注者が契約に定められた保険（火災保険、建設工事保険その他）に加入する義務を定めた条項ですので、損害が保険で求償されるものであれば発注者への請求対象とはなりません。注意すべきは、受注者が加入した保険は受注者自身を救済するものであり、特に定めがない限り発注者は救済対象にならないということです。

　従って、損害発生原因が発注者にある場合は、受注者の保険では救済対象にならないので、受注者はこれらの損害を発注者に請求しなければいけません。

①第27条（一般的損害）に関連する事例

　以下、筆者が経験した海外工事での一般的損害問題に関わる事例を紹介します。

　当該工事は空港の滑走路延長と既存滑走路の改修（オーバーレイ）工事であった。オーバーレイ作業は当日の最終便が離着陸した後、翌日の1番機が離着陸するまでの間に行わなければならず、1日分の作業終了時には飛行機の離着陸に支障を来さないよう取り付け部分（完了させたオーバーレイと既設部分の結合部）を仕様書に定められた方法でしっかりと仕上げることが求められていた。

　受注者は慎重に作業を進め工事は順調に推移していたが、ある日、ジャンボジェット機が緊急着陸し、逆噴射でオーバーレイの取り付け部分が剥離し、その破片がエンジンに吸い込まれてエンジンを破損させてしまった。航空機の保有会社は空港管理者である発注者に損害賠償を求めた。

　この請求に対し発注者は工事保険で求償するよう考えた。しかし、受注者はこれを拒否した。受注者の拒否理由は以下の通りであった。

　㋐ オーバーレイ作業は仕様書通りに行われたもので、受注者に過失はない。

　㋑ 当該工事の目的はジャンボジェット機が離着陸できる長さの滑走路建設であり、工事期間中にこうした機体が飛来することは想定していない。

　㋒ ジャンボジェット機の緊急着陸を受け入れたのは発注者であり受注者ではない。

　㋓ 工事保険は受注者を救済するもので発注者の過失は求償対象外となる。

201

紆余曲折はあったが、発注者は最終的にこの理由を認め工事保険の適用を断念した。

この事例は第27条に定める工事保険に関する事柄と「発注者の責めに帰すべき事由により生じたものについては、発注者が負担する」という記述を明快に実証したものといえます。

②第27条（一般的損害）における受注者の責任

ここで、第27条に関連し、受注者として対応しなければならない問題を示した事例を紹介することにします。

当該工事は地下鉄建設工事で、詳細設計と施工を行う契約であった。発注者が定めた詳細設計仕様書では駅舎の壁は「タイル張り」となっていた。鉄道の駅舎は振動を受け続ける構造物であるため、受注者は壁に張るタイルは経年劣化し落下した場合でも人的影響の少ない小サイズのタイルを張るようにし、詳細設計図を提出した。

だが、発注者は意匠上好ましくないという理由で、大型タイルの使用を指示した。受注者はこの指示に従い施工したが、竣工後12年経過した時点でタイルが剥がれ出した。当該国の民法上の瑕疵期間は15年間であり、発注者は重大な瑕疵として受注者に補修義務があると訴えた。受注者側に大型タイル張りにする発注者からの指示記録が残されていなかったため、受注者が全補修コストを負担することになった。

この事例のように「発注者の責めに帰すべき事由」を明確にできなければ、受注者は損害請求もできず、その費用を自身で負担しなければならないことになります。

さて、「発注者の責めに帰すべき事由」という記述ですが、多くの人が「発注者の責任でないことは、全て受注者の責任」と理解しています。発注者側が設計を行い、受注者がその設計に基づき施工を行う設計施工分離の契約の基本原則は全く逆で、「受注者の責任とならないものは、全て発注者の責任」いうこと

になります。この原理は公共工事標準請負契約約款にも組み込まれているもので、後に詳しく述べることにします。

28) 第28条（第三者に及ぼした損害）

　建設工事の第三者への障害は、「施設障害」と「工事障害」があります。「施設障害」は日照権、ビル風、景観維持、環境維持等で、「工事障害」は騒音、振動、地盤沈下、地下水低下等となります。施工のみの契約では「施設障害」は全て発注者の責任となるので、第28条は「工事障害」を対象としたものということになります。第28条は3項から成り、第1項は以下の通りです。

> 　工事の施工について第三者に損害を及ぼしたときは、受注者がその損害を賠償しなければならない。ただし、その損害（第51条第一項の規定により付された保険等によりてん補された部分を除く。以下この条において同じ。）のうち発注者の責めに帰すべき事由により生じたものについては、発注者が負担する。

　この条項にも保険に関する記述と「発注者の責めに帰すべき事由」という記述がありますが、これらの解釈は第27条の分析で述べた通りです。第2項は以下の通りです。

> 　前項の規定にかかわらず、工事の施工に伴い通常避けることができない騒音、振動、地盤沈下、地下水の断絶等の理由により第三者に損害を及ぼしたときは、発注者がその損害を負担しなければならない。ただし、その損害のうち工事の施工につき受注者が善良な管理者の注意義務を怠ったことにより生じたものについては、受注者が負担する。

公共工事標準請負契約約款の第1条第3項の施工方法に関する条項では、発注者が特に指定しない限り、施工方法は受注者が自身の責任において定めることになっていますので、受注者は工事を遂行するために、第三者への影響を充分考慮し最良・最適な施工方法を選択しなければなりません。

従って施工方法によって発生する問題は本来、受注者の責任となるはずです。「通常避けることができない」というのはこうした検討を行った上でも避けることのできない障害ということになります。

1970年代中頃まで大半の地下鉄工事は開削工法で行われていました。当時、シールド・トンネル工法は下水工事に使用され始めていましたが、断面の大きな地下鉄工事への使用は難しい状態でした。開削工法では鋼製シートパイルによる山留工法が使用され、シートパイルの打設にはディーゼルハンマーかバイブロハンマーが使用されていました。

ディーゼルハンマーは排気油を吐き散らし、洗濯物に付着するといった問題があり市街地で使用することは困難でした。このため、発注者はバイブロハンマーの使用を基本工法としていました。しかし、バイブロハンマーもシートパイルを振動させて打ち込むため、地中に振動が伝わり近隣の家屋に破損や亀裂が出来るといった影響が出ました。

発注者はこれを「通常避けることができない」障害とし、近隣家屋の補修費用を負担しました。このように、採用可能な最先端施工法をもってしても避けることのできない騒音、振動、排水による地盤沈下、地下水の断絶等は、発注者が責任を負うというのが第2項の趣旨であり、これが建設契約の基本論理なのです。

①受注者の「善管注意義務」とは

以下は第28条第2項に関わる損害賠償事例です。

発注者は橋梁工事の橋台を圧気ケーソン工法（pneumatic process caisson）で施工する計画を立て、これを指定工法として設計図書に記し、受注者と契約した。橋台基礎底部は地下水位下25mであり、特記仕様書には3気圧の圧気が必要となることが記されていた。受注者が施工を開始し、ケーソン内の気圧

第3章　公共工事標準請負契約約款の分析

が2気圧に達したとき、施工場所より数百メートル離れた住宅の基礎部分から、地下水と共に大量の土砂が吹き出し、住宅に被害が出た。住宅所有者は発注者と受注者に損害賠償を求めてきた。

この事例の場合、圧気ケーソン工法は発注者によって指定された工法であり、特記仕様書に示された3気圧以下で近隣の住宅に損害が発生したため、第2項に規定する「通常避けることができない障害」の範疇となり発注者が責任を負うことになります。

しかし、受注者は問題が発生した時点の気圧が2気圧であったという証明だけでなく、地質に衝撃を与えるような急激な加圧操作はなかった等、受注者に要求される「善管注意義務」を全うしていたことを証明することが求められます。このため、施工経過を綿密に記録するシステムの具備が不可欠となります。第3項は、

　　　前2項の場合その他工事の施工について第三者との間に紛争を
　　　生じた場合においては、発注者及び受注者は協力してその処理
　　　解決に当たるものとする。

としており、どちらの責に帰す問題であっても、受発注者は紛争解決に協力をすることを定めています。

契約論からすると、第三者への補償は発生事象に対する受発注者の責任が明確にならなければ進められないこととなります。しかし、実質的には契約的責任の明確化を後回しにし、受発注者が道義的、社会的責任を優先し、第三者への補償を進めるといったことになります。

第3項の受発注者の協力はこうした状態を勘案したものであり、契約的責任の協議中において、一方の当事者が第三者への補償を行ったとしても、その行為をもって、その者が自身の契約的責任を認めたと結論付けることはできないことになります。

205

②第28条の留意点

前項の第28条第3項の分析で、受発注者は契約的責任の協議や検証を後回しにして、道義的、社会的責任を優先し、第三者への補償を進めなければならないと記しました。

公的発注者が第三者への補償を行う場合、補償金の支払いまでに様々な手続きを求められ、地方公共団体の場合は、補償金の支払いには議会承認が必要といった問題があり、迅速な対応が一層困難になります。このため、多くの場合、受注者が第三者への補償を行い、工事遅延を回避する方法が取られます。

しかし、第三者への補償はこれを行った者が契約的責任を認めたということになるので、受発注者間で契約的責任は協議中であることを記した覚書を交わしておくことが必要です。こうした措置は、本来、契約の公平性を確保するといった観点から、発注者が率先して行わなければならないことなのです。

29) 第29条(不可抗力による損害)

第29条は不可抗力に関する条項で第1項は以下の内容となっています。

> 工事目的物の引渡し前に、天災等(設計図書で基準を定めたものにあっては、当該基準を超えるものに限る。)発注者と受注者のいずれの責めにも帰すことができないもの(以下この条において「不可抗力」という。)により、工事目的物、仮設物又は工事現場に搬入済みの工事材料若しくは建設機械器具に損害が生じたときは、受注者は、その事実の発生後直ちにその状況を発注者に通知しなければならない。

この条項を適正に理解するためには記述されている言葉をしっかりと分析していく必要があります。

先ず「天災等」ですが、これは第20条の(工事の中止)に「工事用地等の確

第3章　公共工事標準請負契約約款の分析

保ができない等のため又は暴風、豪雨、洪水、高潮、地震、地すべり、落盤、火災、騒乱、暴動その他の自然的又は人為的な事象（以下「天災等」という）」と定義されています。

この定義の冒頭にある「工事用地等の確保ができない」という文言ですが、これは第16条の（工事用地の確保等）とは異なり、発注者の責でない事由によって工事用地確保ができない場合を指しています。

第29条第1項の括弧書きに「設計図書で基準を定めたものにあっては、当該基準を超えるものに限る」と記していますが、これは地震や気象現象を意味しており、設計図書に基準が記されていない事象は、過去のデータに基づく確率・統計によって判断することになります。いずれにしても受注者は発生事象の実態を示す記録を提示しなければなりません。

この条項の「自然的又は人為的な事象」という文言について考えてみましょう。暴風、豪雨、高潮、地震は自然的要因によって発生するものであり、騒乱、暴動は人為的要因によるものとなります。残る、洪水、落盤、火災、地すべり等は、自然的要因と人為的要因の2つの要因が考えられます。例えば洪水は、豪雨により発生する場合と、誰かが堤防に損傷を与えた等によって発生する場合があります。

このために、「自然的又は人為的な事象」という記述があるわけですが、ここで述べる「人為的な事象」とは、「不可抗力」の基本的条件となっている「発注者と受注者のいずれの責めにも帰すことができないもの」という文言から分かるように、受発注者以外の者に帰責するものであり、受発注者双方が制御できない事象を想定しています。

第2項は第1項の受注者の報告義務に対し、発注者の損害状況調査義務を定めたもので、以下のように定めています。

> 発注者は、前項の規定による通知を受けたときは、直ちに調査を行い、同項の損害（受注者が善良な管理者の注意義務を怠ったことに基づくもの及び第51条第1項の規定により付された保険

207

等によりてん補された部分を除く。以下この条において「損害」と
いう。）の状況を確認し、その結果を受注者に通知しなければな
らない。

　この条項の受注者の善管注意義務と保険に関しては既に分析した通りです。
第3項は、以下の通りです。

　　受注者は、前項の規定により損害の状況が確認されたときは、
　　損害による費用の負担を発注者に請求することができる。

　このように第29条では不可抗力による損害に対しても、受注者の損害額請求
権を定めています。尚、第3項には工期延伸請求権に関する記述がありません
が、これを否定する記述もありませんので工期延伸請求は可能となります。
　国際建設契約約款（FIDIC契約約款）にも不可抗力に関する条項があり、こ
の約款では工期延伸請求権を定めています。工期延伸と損害費用の請求対象
となるのは受注者の関係者以外による妨害行為、暴動、騒動、混乱、戦争、
侵略、外敵の行動、反乱、テロ行為等となります。しかし、地震、落雷、台
風、火山活動等の天災は工期延伸のみで損害費用の請求はできないとしていま
す。これは、自然天災は受注者が入る建設保険で費用救済することを想定して
いるからです。
　第29条の第4項から第6項は受注者の損害費用請求に対し発注者が取るべき
措置を定めたもので、第4項は以下の内容となっています。

　　発注者は、前項の規定により受注者から損害による費用の負担
　　の請求があったときは、当該損害の額（工事目的物、仮設物又
　　は工事現場に搬入済みの工事材料若しくは建設機械器具であっ
　　て第13条第2項、第14条第一項若しくは第2項又は第37条第3
　　項の規定による検査、立会いその他受注者の工事に関する記録

208

第3章　公共工事標準請負契約約款の分析

　等により確認することができるものに係る額に限る。）及び当該損
　害の取片付けに要する費用の額の合計額（第6項において「損害
　合計額」という。）のうち請負代金額の百分の一を超える額を負担
　しなければならない。

　この項に記されているように発注者は受注者から損害費用の負担請求があっ
た場合、損害状態を第13条等、契約に定められた方法で確認しなければなりま
せん。損害額には片付け費用も含まれますが、請負額の1%以下の損害は請求
対象外となります
　この率は当初4%であり、1972年に2%、81年に現在の率に変更されました。
しかし、その設定根拠は明確ではありません。この本の初めに建設事業の純利
益は2〜3%程度、これはどの国も同じと述べました。この実態からすると請負代
金額の1%以下は対象外というのは受注者にとって重い制約であり、改定品確
法の受注者の「利益の確保」という方針にも反することになります。因みに、国
際建設契約約款（FIDIC契約約款）にはこうした制約はありません。
　第5項は以下の内容となっています。

　損害の額は、次の各号に掲げる損害につき、それぞれ当該各号
　に定めるところにより、（内訳書に基づき）算定する。注（内訳書
　に基づき）の部分は、第3条（B）を使用する場合には、削除す
　る。
　一.工事目的物に関する損害
　　損害を受けた工事目的物に相応する請負代金額とし、残存
　　価値がある場合にはその評価額を差し引いた額とする。
　二.工事材料に関する損害
　　損害を受けた工事材料で通常妥当と認められるものに相応
　　する請負代金額とし、残存価値がある場合にはその評価額
　　を差し引いた額とする。

209

三. 仮設物又は建設機械器具に関する損害

損害を受けた仮設物又は建設機械器具で通常妥当と認められるものについて、当該工事で償却することとしている償却費の額から損害を受けた時点における工事目的物に相応する償却費の額を差し引いた額とする。ただし、修繕によりその機能を回復することができ、かつ、修繕費の額が上記の額より少額であるものについては、その修繕費の額とする。

この条項は損害額の算定方法を定めたものですが、受注者は被害を受けた工事目的物、仮設物や資機材の実在や状態を証明することが求められます。

このため、日報、週報、第11条の（履行報告）等で出来形報告、仮設物設置、資機材搬入報告を的確に行っておくことが必要です。又、「通常妥当と認められる」という文言ですが、これは被害対象物の機能や品質について述べたもので、受注者が当該工事に必要とされる以上の機能を持つ重機械や要求品質以上の資材を持ち込んでいた場合、損害額は要求レベルの資機材の価格までとなることを表しています。第6項は以下の内容となっています。

数次にわたる不可抗力により損害合計額が累積した場合における第2次以降の不可抗力による損害合計額の負担については、第4項中「当該損害の額」とあるのは「損害の額の累計」と、「当該損害の取片付けに要する費用の額」とあるのは「損害の取片付けに要する費用の額の累計」と、「請負代金額の百分の一を超える額」とあるのは「請負代金額の百分の一を超える額から既に負担した額を差し引いた額」として同項を適用する。

このように、1回の損害が請負額の1%以下であっても、不可抗力が複数回発生し、累積額が1%を超えれば支払い対象になるので、受注者は不可抗力の発生の都度、発注者に損害確認を求めることが必要です。

第3章　公共工事標準請負契約約款の分析

以上、第29条の分析をしてきましたが、現場では以下のような事例が見られます。

道路工事で法面の掘削中、地下水が噴出し掘削面が崩落し始めた。このため、設計図書で規定した掘削勾配45度を30度に変更し掘削することになり、掘削土量が増加した。受注者は掘削土量の増加に伴う追加費用と工期の延伸を第18条（条件変更等）に基づき発注者に請求した。発注者は、地下水噴出は第29条の（不可抗力）に該当し、掘削土量増加分の費用は請負額の1％を超えていないので支払いはないと主張した。

トンネル工事等でもこれと類似した事例がありますが、第29条の（不可抗力）に該当するという発注者の主張は適正ではありません。地下水噴出等は計画時、或いは施工時に綿密な地質調査を行なえば大半は予測可能となり、設計施工分離の契約では、事前調査の精度は発注者の決定事項となります。

つまり、予見精度は発注者によって決まるわけで、第29条の基本条件である「発注者と受注者のいずれの責めにも帰すことができないもの」には該当しないことになります。このように、地下水噴出や超硬岩層との遭遇等は、特記仕様書に特段の定めがない限り、第29条の（不可抗力）ではなく第18条の（条件変更等）で対応する事象となるわけです。

30）第30条（請負代金額の変更に代える設計図書の変更）

第30条は、分かり難いタイトルとなっていますが、この条項は発注者が自身の責任に帰する理由で受注者に追加費用を支払わなければならなくなったが、その予算がない場合の措置を定めたもので、第1項の内容は以下の通りです。

> 発注者は、第8条、第15条、第17条から第22条まで、第25条から第27条まで、前条又は第33条の規定により請負代金額を増額すべき場合又は費用を負担すべき場合において、特別の理由があるときは、請負代金額の増額又は負担額の全部又は一部に代えて設計図書を変更することができる。

211

この場合において、設計図書の変更内容は、発注者と受注者とが協議して定める。ただし、協議開始の日から〇日以内に協議が整わない場合には、発注者が定め、受注者に通知する。
【注】〇の部分には、工期及び請負代金額を勘案して十分な協議が行えるよう留意して数字を記入する。

　第1項は発注者が支払うべき追加費用額を確保するために工事量を減らす、品質や仕様の変更、一部の工事を削減する等の契約内容変更を行なうことが出来るとし、契約内容変更に関しては受発注者間で協議し決めるとしています。第2項は以下の内容となっています。

　前項の協議開始の日については、発注者が受注者の意見を聴いて定め、受注者に通知しなければならない。ただし、発注者が請負代金額を増額すべき事由又は費用を負担すべき事由が生じた日から〇日以内に協議開始の日を通知しない場合には、受注者は、協議開始の日を定め、発注者に通知することができる。
【注】〇の部分には、工期を勘案してできる限り早急に通知を行うよう留意して数字を記入する。

　第1項の協議に関する記述と第2項は第23条で既に分析した通りです。
　第30条の設定背景には「単年度予算制」や公的発注機関に課せられている「予算額の堅持」という課題がありますが、この条項が果たして必要なのかは大いに疑問です。なぜならば、第19条の（設計図書の変更）では発注者が自身の意思で自由に契約内容を変更できると定めているからです。
　予算額の不足等は発注者の問題であり、受注者の責任が関係する問題ではありません。受注者の関心事は追加費用の受領であり、第19条で契約内容が変更され、それに伴う追加変更の支払いがなされればよいわけです。
　以下、第30条の適用に関する問題を述べます。

第3章　公共工事標準請負契約約款の分析

　第1の問題は適用手順です。適正な適用手順は、先ず、追加費用請求に適合する条項に従い受注者への追加費用の支払いが行われ、その後、第30条に従い支払額に相当する契約内容の変更を行なうということになります。しかし、実際には第30条の適用が先行し追加費用要因の存在が不明瞭なものになってしまうケースが多く見られます。

　第2の問題は、第19条には契約内容変更による追加費用と工期延伸請求に関する記述があるのに対し、第30条にはこの記述がないことです。つまり、第30条を適用した予算不足による契約内容変更の場合は、受注者に追加費用と工期延伸の請求権がないと発注者が解釈することですが、これは誤った解釈です。

　第2章の基本法的教義の項で述べた通り、契約に関する原則として「起草者の不利に解釈する法則（Contra Proferentem：ラテン語）」があります。これは「契約条文で曖昧な部分がある場合、その契約書を起草した側に不利になるように解釈する」というものです。この原理に従えば、契約図書を作成した発注者が契約図書に記述がないものは契約対象外と主張することはできないことになります。

　第16条の（工事用地の確保等）では第1項で発注者の工事用地の確保義務を規定していますが、用地が確保できなかった場合の受注者の追加費用と工期延伸の請求権を定めた項がありません。

　この場合、第18条第1項第五号の「設計図書で明示されていない施工条件について予期することのできない特別な状態が生じたこと」に該当するとし、同条第5項で追加費用と工期延伸の請求が可能となります。

　第30条を適用した場合も同じ論理を適用できるわけで、受注者には追加費用と工期延伸の請求権が発生します。

　第3の問題は、発注者が第30条を適用し「工事打ち切り」と称する処理を行うことです。これは発注者にとって危険な行為となります。「工事打ち切り」と「契約内容変更」は全く異なる行為であり、第30条による「工事打ち切り」は発注者が自身の都合で契約を解除したことになり、第48条の（発注者の任意解除権）の適用となります。第48条には、契約解除に伴う受注者の損害賠償請求権が定められており、発注者は「契約内容変更」以上に多くの費用を請求されることになります。

213

このように分析していくと、第30条が果たして必要なのかを再検討しなければならないことが明らかになってきます。因みに、国際建設契約約款（FIDIC契約約款）にはこうした条項はありません。

31) 第31条（検査及び引渡し）

第31条は竣工検査と完成物の引き渡しの方法を定めたもので、第1項は、以下のように定めています。

> 受注者は、工事を完成したときは、その旨を発注者に通知しなければならない。

竣工検査は監督員ではなく発注者が行います。監督員は第9条の（監督員）で分析した通り、第13条（工事材料の品質及び検査等）や第14条（監督員の立会い及び工事記録の整備等）等で定められた工事過程での検査権限しかありません。

第2項は竣工検査の方法を定めたもので、以下の内容となっています。

> 発注者は、前項の規定による通知を受けたときは、通知を受けた日から14日以内に受注者の立会いの上、設計図書に定めるところにより、工事の完成を確認するための検査を完了し、当該検査の結果を受注者に通知しなければならない。この場合において、発注者は、必要があると認められるときは、その理由を受注者に通知して、工事目的物を最小限度破壊して検査することができる。

第3項は破壊検査の復旧費用の負担について定めたものです。

214

第3章　公共工事標準請負契約約款の分析

　　前項の場合において、検査又は復旧に直接要する費用は、受
　　注者の負担とする。

　工事目的物の破壊検査は第17条にもありますが、一般に舗装厚や構造物の
強度を確かめるためのコア採取といったものとなります。第4項以降は引き渡しに
関する条項で、以下の内容となっています。

　　　第4項：発注者は、第2項の検査によって工事の完成を確認した
　　　　　　　後、受注者が工事目的物の引渡しを申し出たときは、
　　　　　　　直ちに当該工事目的物の引渡しを受けなければならな
　　　　　　　い。
　　　第5項：発注者は、受注者が前項の申出を行わないときは、当
　　　　　　　該工事目的物の引渡しを請負代金の支払いの完了と同
　　　　　　　時に行うことを請求することができる。この場合において
　　　　　　　は、受注者は、当該請求に直ちに応じなければならな
　　　　　　　い。
　　　第6項：受注者は、工事が第2項の検査に合格しないときは、
　　　　　　　直ちに修補して発注者の検査を受けなければならない。
　　　　　　　この場合においては、修補の完了を工事の完成とみな
　　　　　　　して前5項の規定を適用する。

　第4項と第5項に関しては特に分析は必要ないと思いますが、第6項の「検査
に合格しない」という事象を考えてみましょう。
　道路工事でガードレールの一部が真っ直ぐに設置されておらず手直しが必要と
いった場合、国際建設工事では、条件付き合格とし、修正作業が終了した時
点で、当該部分だけの検査を行うといった方法が取られます。
　これは、「実質的完成：Substantial completion」という論理に基づくもので
す。「実質的完成」とは、当該構造物が目的とする機能を充足した状態に出来

215

上がっていれば竣工とみなすというものです。上述の例でいえば、ガードレールの一部が真っ直ぐに設置されていない、つまり「通り」が不十分でも道路としての機能に影響を及ぼすものではないので、「実質的完成」ということになるわけです。しかし、同様な個所が幾つもあり、補修のために大幅な交通規制が必要になるといった場合は、道路機能に影響を及ぼすことになり、この論理は適用できないことになります。

　「実質的完成」の論理は、発注者が微細な手直しを理由に受け取りを拒否する、或いは支払いを行わないといった、特に民間工事で多く見られるような事態に対処するためのものですが、日本でもこういった論理を取り込み受発注者間の公平性を高めることが必要と思います。

32) 第32条（請負代金の支払い）

　第32条は竣工検査後の支払いについて規定した条項で3項から成っています。

> 第1項：受注者は、前条第2項（同条第6項後段の規定により適用される場合を含む。第3項において同じ。）の検査に合格したときは、請負代金の支払いを請求することができる。
>
> 第2項：発注者は、前項の規定による請求があったときは、請求を受けた日から40日以内に請負代金を支払わなければならない。
>
> 第3項：発注者がその責めに帰すべき事由により前条第2項の期間内に検査をしないときは、その期限を経過した日から検査をした日までの期間の日数は、前項の期間（以下この項において「約定期間」という。）の日数から差し引くものとする。この場合において、その遅延日数が約定期間

の日数を超えるときは、約定期間は、遅延日数が約定
期間の日数を超えた日において満了したものとみなす。

　第1項と第2項は特に分析は不要と思いますが第3項の内容を分析してみましょう。
　第3項は、例えば発注者が自身の責に帰す理由で竣工検査を30日遅らせた場合、発注者は「約定期間」の40日から30日を差し引いた10日以内に支払いをしなければならないとしています。
　受注者にとっての関心事は支払い遅延に対する利息請求権の存在です。従って、この条文は竣工検査遅延に関わる発注者の遅延利息額負担を明示する内容とした方が明快となります。
　そもそも「約定期間」の40日は「政府契約の支払遅延防止等に関する法律」で定められたもので、発注者のみに課せられた法的義務ですので、現状の第3項は発注者だけが遵守すべき法的義務を規定したものとなり、受発注者の権利と義務を規定するという契約約款の本質から離れたものとなります。
　第15条第5項でも分析しましたが、公共工事標準請負契約約款にはこうした条項がいくつかありますが、これは、約款制定の当初目的が官の機能を明確にする色彩が強かったからではないかと思います。

33) 第33条（部分使用）

　第33条は、発注者が、施工中の工事目的物を使用する場合に適用される条項で、第1項は以下の内容です。

　　発注者は、第31条第4項又は第5項の規定による引渡し前においても、工事目的物の全部又は一部を受注者の承諾を得て使用することができる。

217

発注者の部分使用は受注者の承諾を得る必要があり、契約約款の解説書（P-284）では「請負者がこれに応じるか否かは自由である」と記されています。しかし、この解釈は的確ではありません。第1項は発注者の部分使用の権利を定めたものであり、受注者は相当の理由がなければ、発注者の申し出を断ることはできないと解釈すべきです。第2項は、以下の内容です。

　　　前項の場合においては、発注者は、その使用部分を善良な管
　　　理者の注意をもって使用しなければならない。

　この項について契約約款の解説書（P-284）では以下のように説明しています。

　　　部分使用中は、発注者は使用部分を善良な管理者の注意義務
　　　をもって使用すべきことになるが、請負者の管理責任はなくなら
　　　ない。部分使用中は、未だ工事が完成しておらず、引き渡し前
　　　であるので、他の施工中と同様に、請負者は、管理責任を負う
　　　ことになる。

　この解釈も的確ではありません。受注者が管理責任を負う相手は発注者です。解説書の解釈では、受注者は、発注者が発生させた問題の責任を、問題発生者である発注者に対して負うことになります。つまり、発注者側からすると、自身が問題を発生させても、その責任を受注者に転嫁できることになります。これは明らかに矛盾した論理であり、適正な解釈は「当該部分の管理責任は受注者から発注者に移行するが、受注者の完成責任は変わらない」ということになります。第3項は以下の内容です。

　　　発注者は、第1項の規定により工事目的物の全部又は一部を使
　　　用したことによって受注者に損害を及ぼしたときは、必要な費用
　　　を負担しなければならない。

218

図-17は、この項の適用事例を示したものです。

道路工事で、舗装が完成した工区Aを発注者が住民に仮開放する目的で部分使用を申し入れた。しかし、受注者は工区Aを部分使用させた場合、工事用資機材の搬入に支障を来すと回答した。受発注者が協議し、町道から工区Bに通じる仮設道路を作り、発注者が費用負担することで合意した。

このように、発注者から部分使用の要求があり、その要求を受け入れることにより自身が計画していた施工方法に影響が出るといった場合、受注者は事例に示したような対応策を部分使用条件として要求することができます。

しかし、「自身が計画していた施工方法」とは、受注者が契約時に発注者に提出した施工計画書に記されたものとなり、施工計画に明示されていない場合はこうした要求が難しくなります。

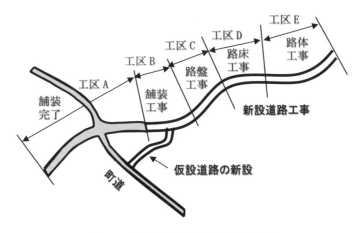

図-17　道路工事の部分使用の事例

前半の上巻では第33条までとし、第34条以降は、後半の下巻で分析していきます。

あとがき

　この本の原本となっている日刊建設工業新聞の連載記事は2016年11月から始まり、2018年12月までの約2年間、1カ月に2回のペースで掲載されてきました。この間、建設事業に携わる様々な方々からご質問やご意見を頂きました。この場を借りてお礼を申し上げる次第です。

　筆者は1967年に建設企業に入社し、約7年間、現場技術者として日本国内の公共工事に携わり、1974年以降、50代後半となる2000年までの約25年間、海外建設プロジェクトに携わってきました。

　海外での仕事は、プロジェクトマネジャーも経験しましたが、40代後半から会社を退職するまで、プロジェクトで発生する問題の処理に携わり、約40カ国で仕事をしてきました。以降は、国際プロジェクトマネジメントの研究に携わっていますが、筆者の知識は様々な国の建設現場の問題処理業務の経験が基盤となっています。

　米国の建設企業では、プロジェクトの問題処理者をプロブレムシューター（Problem shooter）といいますが、建設プロジェクトの問題対応は、しっかりした論理に基づいた意見提示が必須条件であり、特に海外建設プロジェクトではこの能力が要求されます。

　そもそも、建設プロジェクトは契約に基づいて遂行されるものであり、発生する問題は多岐にわたりますが、事務的な問題はもちろん、品質、設計、施工といった技術的問題であっても、全て「契約管理」の論理が基礎となり解決されます。従って、建設事業に携わる者にとって「契約管理」に関する知識の習得は極めて重要です。

　日本の建設企業の国際競争力が向上しない理由として、契約管理の知識と対応力が低いことが挙げられていますが、この数年、国内の建設事業においても建設産業の健全な発展や、国民の信頼回復といった観点から、契約管理の重要性認識が高まってきています。この本が契約管理能力の向上の一助となることを願っています。

あとがき

　冒頭に記したように本書は2部構成となっていますので、『建設契約管理の理論と実践（上）』は公共工事標準請負契約約款の第33条までの分析としました。下巻では第3章の後半となる第34条以降、最終の第55条までの分析を行い、第4章では、建設契約管理の実務となる、追加費用と工期延伸請求図書の作成技術、工程分析技術、追加費用算出技術等について述べます。

　又、第5章として、建設紛争事例分析と契約管理交渉に関する基本論理と技術についても述べていくことにします。

　「まえがき」では後半の下巻の出版は日刊建設工業新聞の連載が終了した後の2020年の春となる予定と記しましたが、この本を読んで頂いた方々には、下巻を待たず、是非、月2回のペースで掲載される日刊建設工業新聞の連載記事を読んで頂ければ幸いです。

索 引

索引は語彙の主要使用箇所のみ表示

あ行

アカウンタビリティー　　P38
違算　　P43, P171
請負契約の原則　　P30, P60, P182, P183
請負代金内訳書　　P48, P49, P66, P92, P169, P172, P174
役務的保証　　P99, P102
応札図書　　P20, P22, P24, P26

か行

会計法の第29条　　P18, P25, P43, P115
改定品確法　　P31, P42, P43, P46, P53, P59, P85, P156, P188, P209
価格関連図書　　P20, P21
官官間の論理　　P188
官積算　　P49, P180, P181
契約形態　　P22, P45, P76, P77, P151
契約担当官　　P18, P113, P114, P144, P147
契約変更　　P54, P55
契約変更ガイドライン　　P59, P60
計量法　　P88
建設産業が抱える悲劇　　P41
建設産業政策2007　　P42
建設業法　　P30, P60, P72, P101
建設冬の時代　　P34, P37, P38
現場説明書及び現場説明に対する質問回答書　　P57, P74, P152
技術の空洞化　　P28
技術関連図書　　P20, P21
技術提案評価型　　P22
競争の原理　　P16, P17, P21, P26, P81
協調の原理　　P5, P6, P16, P28, P30
クレーム　　P52, P82
公共工事の品質確保の促進に関する法律　　P19
公共事業の透明性　　P38

223

索 引

工事障害　　P203
工事数量総括表　　P48, P57, P67, P174, P186
国際コンサルティングエンジニア連盟　　P47, P194
コンプライアンス：Compliance　　P39, P40

さ行

指定仮設　　P79, P80, P136
支出負担行為担当官　　P114, P115, P116
仕様書　　P23, P57
指名競争　　P21, P24, P25, P26
指名競争入札制度　　P21
所管官庁　　P19, P31
随意契約　　P25, P46, P48
上限拘束性　　P43
図面　　P23, P57, P117
実質的完成　　P215, P216
事情変更の原則　　P150, P193, P194, P197
熟知義務　　P147, P148, P149, P151
受注者の工事中止権　　P145, P146, P158, P166
CPM　　P139, P163
施工能力評価型　　P22
施設障害　　P203
設計施工分離　　P45, P46, P179, P194, P202, P211
設計図書　　P44, P49, P57, P74
設計図書照査　　P148
設計変更　　P48, P53, P54, P55
設計変更ガイドライン　　P55, P58
先進国型建設投資　　P34
善管注意義務　　P204
総価契約単価合意方式　　P47, P49, P171
総価一式請負契約　　P45, P53, P66, P76, P153, P179
総合建設企業　　P26
総合評価落札方式　　P21

索 引

た行

単価数量精算契約　　P45, P46, P76, P157

単価数量精算契約約款　　P22, P47, P83, P131, P150

単価数量精算契約約款（通称Red Book）　　P195

単年度予算制度　　P65

第1次オイルショック　　P33, P193

談合体質離脱宣言　　P20

WTO政府調達協定　　P87

中央建設業審議会　　P72, P77, P97, P193

直営方式　　P24

低入札価格調査制度　　P81

天災等　　P45, P157, P206, P207

途上国型建設投資　　P33, P34, P36

土木工事共通仕様書　　P56, P61, P63, P65, P85, P117

土木工事標準積算基準書　　P187

特記仕様書　　P57, P59, P60, P149, P155

な行

日米構造協議　　P38

20世紀の奇跡　　P32, P33

日本土木工業協会　　P16, P139, P193

入札内容の審査・確認　　P48

2封筒入札　　P20

任意仮設　　P79, P80, P98, P136

は行

発注者の責務　　P42, P44, P53, P59, P82, P188

費用対効果分析　　P36, P37

必要物（Needs）と要求物（Wants）　　P35

不完備契約　　P95

不予見性の論理　　P194

片務性　　P73, P74, P161, P183

BCP　　P199

FIDIC　　P47

225

索 引

| FIDIC契約約款　　P22

ま行

| 無償延長　　P160, P161

や行

| 約定工程表　　P67, P128, P138, P139, P172, P178
| 予見不可能　　P150
| 予定価格　　P16, P18, P25, P28, P42, P43, P47, P72, P80, P180
| 予定価格の決定　　P46
| 予定価格の推察ゲーム　　P28
| 予算決算及び会計令　　P31, P46, P113, P180
| 予備費確保　　P43, P44, P188

ら行

| 落札率　　P81, P179, P180, P184, P186

草柳 俊二（くさやなぎ・しゅんじ）

東京都出身。1944年生まれ。
1967年 武蔵工業大学（現東京都市大学）工学部土木工学科卒。
1967年 大成建設株式会社に入社後、国内プロジェクトに従事した後、1974年よりインドネシア、ナイジェリア、インド、コロンビア等の国際プロジェクトに従事。
1980年から約2年間、プロジェクトマネジメントの実践技術を学ぶため米国企業に勤務。
1996年、大成建設在籍中に「国際建設マネジメントの研究」で東京大学にて博士号取得。2001年より大学教員となり国際プロジェクトの研究と人材育成に従事。
1996年に土木学会論文賞、2009年に国際貢献賞、2016年に建設マネジメント分野で功績賞を受賞。
2008年、アジア13カ国16大学の建設マネジメントを専門とする大学教員のフォーラムICMFAを設立し、議長に就任。現在も国内外で建設マネジメントに関する研究と人材育成活動を続けている。
◇2016年より東京都市大学大学院社会人コース客員教授
◇高知工科大学 名誉教授
◇愛媛大学 客員教授
◇カンボジア工科大学 客員教授
◇モンゴル科学技術大学 客員教授
◇横浜国立大学 講師、土木学会 名誉会員、
　2005年度土木学会副会長

詳説「公共工事標準請負契約約款」
建設契約管理の理論と実践（上）

発　　行	2024年6月18日　第1版第3刷
著　　者	草柳俊二
発行所	日刊建設工業新聞社 東京都港区東新橋2-2-10　電話03(3433)7151
発売所	東洋出版 東京都文京区関口1-23-6　電話03(5261)1004
印　　刷	日本ハイコム

落丁、乱丁はお取り替えいたします。無断転載・複製は禁じます。
ISBN978-4-8096-8710-5 C3051 ¥2300E
©syunji kusayanagi 2024 Printed in Japan